REINHARD SCHIEMANN

Kritische Betrachtungen über die Entwicklung der Stärkewertlehre Oskar KELLNERs

WISSENSCHAFTLICHE ABHANDLUNGEN

Nr. 31

KRITISCHE BETRACHTUNGEN ÜBER DIE ENTWICKLUNG DER STÄRKEWERTLEHRE OSKAR KELLNERS

von

REINHARD SCHIEMANN

DEUTSCHE AKADEMIE
DER LANDWIRTSCHAFTSWISSENSCHAFTEN ZU BERLIN

AKADEMIE-VERLAG · BERLIN

1958

Diese Arbeit wurde als Habilitationsschrift an der
Landwirtschaftlichen Fakultät der Universität Rostock
angenommen und wird mit Genehmigung des Dekans
veröffentlicht

ANSCHRIFT DES VERFASSERS:
Dr. habil. REINHARD SCHIEMANN
Deutsche Akademie der Landwirtschaftswissenschaften zu Berlin
Oskar-Kellner-Institut für Tierernährung Rostock
ROSTOCK, Justus-von-Liebig-Straße 1

1958
Herausgegeben von der Deutschen Akademie der Landwirtschaftswissenschaften zu Berlin
Vorgelegt von Prof. Dr. Dr. h. c. Kurt Nehring
Erschienen im Akademie-Verlag GmbH, Berlin W 8, Mohrenstraße 39

Lizenz-Nr. 202 · 100/284/58
Satz, Druck und Einband: Druckhaus „Maxim Gorki", Altenburg
Bestell- und Verlagsnummer: 2068/31
Printed in Germany

INHALT

KURZE BIOGRAPHIE OSKAR KELLNERS

im Zusammenhang mit dem Stand der Erkenntnisse auf dem Gebiet des Energiestoffwechsels der landwirtschaftlichen Nutztiere

Der Name Oskar KELLNER ist unlösbar mit dem Fortschritt der wissenschaftlichen Entwicklung der Tierernäherungslehre verknüpft. Insbesondere hat die Aufstellung der Stärkewertlehre, die auf den umfangreichen Arbeiten KELLNERs mit dem Respirationsapparat basiert, seinen Namen in der ganzen Welt als den des bedeutendsten Forschers seiner Zeit auf dem Gebiet der Tierernährungslehre bekannt gemacht. Wir können heute die Worte A. KÖHLERs (17) voll unterstreichen, die er zum Gedächtnis KELLNERs in der sechsten Auflage des großen KELLNERschen Lehrbuches „Die Ernährung der landwirtschaftlichen Nutztiere“, in dem das Werk KELLNERs seinen vollkommensten Ausdruck findet, niedergeschrieben hat: „Aus dem, was KELLNER hinterlassen, werden Wissenschaft und Praxis dauernd Anregung und Nutzen schöpfen. Seine Lehren werden unvergessen bleiben!“

Wenn wir jetzt, nach nahezu 50 Jahren, versuchen wollen, die Arbeiten KELLNERs mit dem Respirationsapparat, die ihn zur Aufstellung des Stärkewertes geführt haben, einer eingehenden kritischen Betrachtung zu unterziehen, so geschieht es, um zu erkennen, wo das von ihm geschaffene Gebäude der Tierernährungslehre sicher steht und wo es auf zu schmalem Fundament gebaut ist, wo wir also einen Ausbau vornehmen müssen. Denn KELLNER hat als genialer Forscher nicht nur die vor seiner Zeit durchgeführten Versuche sowie seine eigenen grundlegenden Arbeiten — insbesondere die mit dem Respirationsapparat — zur Aufstellung seines Lehrgebäudes verwendet, sondern teilweise auch intuitiv den Weg aufgezeigt. Wir werden sehen, daß die experimentellen Grundlagen, auf denen KELLNER aufbaute, als verhältnismäßig schmal angesprochen werden müssen. Trotzdem hat sich die generelle Richtigkeit des von ihm eingeschlagenen Weges in der landwirtschaftlichen Praxis vielseitig bewährt, ja, wir müssen feststellen, daß wir in der Entwicklung der Tierernäherungslehre auf dem Gebiet des Gesamtenergiestoffwechels, auf dem Gebiet der Bewertung der Futterstoffe in den letzten Jahrzehnten nicht wesentlich weitergekommen sind.

Um die Leistungen KELLNERs voll würdigen zu können, wollen wir uns seinen Lebensweg kurz vergegenwärtigen und versuchen, ein Bild über die damaligen Erkenntnisse auf dem Gebiet des Stoff- und Energieumsatzes in der Tierernährungslehre zu gewinnen.

Oskar KELLNER wurde am 13. Mai 1851 in Altona geboren. Im Jahre 1871 bestand er das Abiturientenexamen am Realgymnasium in Neiße, nachdem er den Schulbesuch wegen Teilnahme am deutsch-französischen Krieg (1870/71) für etwa 1 Jahr hatte unterbrechen müssen. Anschließend studierte er in Breslau und Leipzig Naturwissenschaften unter besonderer Berücksichtigung der Chemie und absolvierte bereits 1874 das Doktorexamen an der Philosophischen Fakultät der Universität Leipzig. Es folgte für ihn eine 2jährige Assistentenzeit in Proskau bei H. WEISKE und eine weitere 4jährige Assistentenzeit in Hohenheim bei E. WOLFF. Im Jahre 1880 (als 29jähriger) erhielt er einen ehrenvollen Ruf als Professor nach Tokio, dem er im Jahre 1881 Folge leistete. Als unerwartet im Jahre 1892 G. KÜHN, der langjährige Leiter der Landwirtschaftlichen Versuchsstation Leipzig-Möckern, verstarb, wurde KELLNER als dessen Nachfolger berufen. Nach 12jähriger Tätigkeit in Japan übernahm er am 15. 2. 1893 die Leitung der Landwirtshaftlichen Versuchsstation Möckern. Hier war er bis zu seinem Tode tätig. KELLNER starb unerwartet am 22. 9. 1911 in Karlsruhe, wohin er zu einer Tagung des Verbandes Landwirtschaftlicher Versuchsstationen gefahren war, an den Folgen eines Schlaganfalles.

KELLNERs Jugendjahre fielen also in eine Zeit, die für die Entwicklung der Landwirtschaft und insbesondere der Argikulturchemie von ausschlaggebender Bedeutung ist, die Zeit, in der J. v. LIEBIG seine grundlegenden Arbeiten durchgeführt hat. Wahrscheinlich ist KELLNER bei der Wahl seines Fachgebietes durch diese Entwicklung sehr beeinflußt worden. Bereits bei der Promotionsarbeit wählte er ein Thema aus dem Gebiet der Agrikulturchemie: „Über einige chemische Vorgänge bei der Keimung von *Pisum sativum*" (22). Diese Arbeit wurde ein Jahr nach dem Tode LIEBIGs beendet. KELLNER wurde zu einem Agrikulturchemiker, der sowohl auf dem Gebiet der Tierernährung bzw. Tierphysiologie als auch auf dem Gebiet der Pflanzenernäherung und Pflanzenphysiologie hervorragende Arbeiten leistete. Sein Lieblingsgebiet war jedoch die Tierernährung. Wir wollen uns im Rahmen dieser Betrachtungen auf dieses Gebiet beschränken und insonderheit der Frage des Stoff- und Energieumsatzes im tierischen Organismus zuwenden.

In der Proskauer und in der Hohenheimer Zeit bearbeitete KELLNER hauptsächlich Fragen, die sich mit der Zusammensetzung verschiedener Futterstoffe, unterschiedlichen Werbungs- und Zubereitungsmethoden und der Verdaulichkeit bei verschiedenen landwirtschaftlich genutzten Tierarten beschäftigen. Auffällig ist der besondere Fleiß, mit dem KELLNER in diesen Jahren gearbeitet haben muß, denn die Zahl der experimentell begründeten wissenschaftlichen Veröffentlichungen dieser 6jährigen Tätigkeit beträgt mehr als 30. Besonders bemerkenswert ist für unsere folgenden Betrachtungen eine tierphysiologische Arbeit: „Zusammenhang zwischen Muskeltätigkeit und Stoffzerfall im tierischen Organismus" (25), da KELLNER in dieser Arbeit auf die Bedeutung der Erforschung des gesamten Energiestoffwechsels im tierischen Organismus hinweist. Er schreibt im Jahre 1880 (26): „Unsere Versuche legen fernerhin dar, wie richtig es wäre, die Verbrennungswärme einzelner Komponenten der Nahrung sowie namentlich ganzer Nahrungsmittel festzustellen, da die genauen Mischungsverhältnisse bestimmter chemischer Verbindungen in den einzelnen zur Ernährung dienenden Materialien unserer Erkenntnis noch sehr fern liegen. Spezifische Funktionen in der Ernährung kommen allem Anschein nach nur den Eiweißkörpern, deren Derivaten und einzelnen Mineralstoffen zu. Diese gesamte Menge der stickstofffreien Nahrungsbestandteile dagegen scheint nur einem Zweck zu dienen, den J. v. LIEBIG im Auge hatte, als er sie als Respirationsmittel bezeichnete. Für die Bestimmung des Nährwertes dieser Stoffgruppen hat die Ermittlung der Verbrennungswärme einen unbestreitbaren Wert, sie bildet vielleicht den richtigen Maßstab der Wertschätzung."

Diese Feststellung KELLNERs lag vor der Zeit, in der RUBNER seine grundlegenden Untersuchungen über den Energieumsatz im tierischen Organismus veröffentlicht hat. So schreibt RUBNER über die Arbeitsrichtung der Zeit (52): „Das Problem der Ernährung wurde rein materiell betrachtet, dies schien genügend und aussichtsvoll. Die Rolle der einzelnen Nahrungsstoffe, der Eiweiße, der Fette, der Kohlenhydrate mußte genau geprüft und festgestellt werden, dies ist durch die Arbeiten PETTENKOFERs, VOITs und vieler anderer Experimentatoren erreicht worden, und die Ernährungslehre ist sogar zu einer im praktischen Leben wichtigen Disziplin geworden." RUBNER weist dann aber darauf hin, daß man den energetischen Vorgängen besondere Aufmerksamkeit zuwenden müsse, was in RUBNERs Gesetz über die isodyname Vertretbarkeit der Nährstoffe im tierischen Organismus (1883) zum Ausdruck kommt. RUBNER (53) war auch der erste, der für die Vorgänge im tierischen Organismus das Energieerhaltungsgesetz experimentell bewiesen hat, das in der Folgezeit von vielen anderen Forschern bestätigt wurde.

In der oben angegebenen Veröffentlichung KELLNERs aus dem Jahre 1880 (26) ist für seine späteren Arbeiten noch eine Bemerkung wesentlich. Er stellt fest, daß man gegenwärtig noch weit davon entfernt sei, Wertigkeitsverhältnisse der Nahrungsbestandteile für bestimmte Produktionsrichtungen aufstellen zu können. Mit anderen Worten heißt dies, daß die Leistungsgröße der Futterstoffe für bestimmte Produktionsrichtungen — energetisch also ihre Nettoenergie — festgestellt werden muß, ein Problem, dessen Bearbeitung er sich während seiner Tätigkeit in Möckern vordringlich gewidmet hat.

Während der 12jährigen Tätigkeit in Japan (1881—1892) kam KELLNER nicht dazu, den in Hohenheim begonnenen neuen Gedankengängen weiter nachzugehen, denn es traten andere Probleme an ihn heran, deren Bearbeitung für die dortigen Verhältnisse wesentlich wichtiger erschien. Aber auch hier bearbeitete er das Gebiet der Tierernährung und Tierphysiologie weiter.

Für unsere Betrachtungen ist ein Ergebnis KELLNERs (23) besonders bemerkenswert, nämlich die Feststellung, daß Seidenraupen in der Lage sind, aus Kohlenhydraten im Organismus Fett zu bilden und abzulagern. Damit wird der Klärung des damals vielfach noch umstrittenen Problems der Fettbildung aus Kohlenhydraten im tierischen Organismus eine weitere Stütze gegeben und gleichzeitig gezeigt, daß diese Umwandlung auch bei niederen Organismen erfolgen kann.

Insgesamt gesehen bedeutet die Zeit der Tätigkeit in Japan für die Bearbeitung unserer Problematik eine Unterbrechung. Vielleicht war diese Unterbrechung notwendig, da in dieser Zeit der Boden von vielen Forschern vorbereitet worden ist, auf dem dann KELLNER die Früchte wachsen ließ und sie auch erntete.

Wie war die Situation in der Tierernährung, als KELLNER im Jahre 1895 die Leitung der Landwirtschaftlichen Versuchsstation Leipzig-Möckern übernahm?

W. HENNEBERG (1825–1890), einer der Altmeister der Tierernährungslehre, hat die Entwicklung dieses Wissenschaftszweiges in vier Stufen eingeteilt (30).

1. Stufe: Heuwerttheorie von THAER als eine der einfachsten in der Methodik der Beurteilung des Futterwertes von Futterstoffen.
2. Stufe: Heranziehung chemischer Analysen zur Beurteilung des Futterwertes von Futterstoffen (Rechnen mit Rohnährstoffen).
3. Stufe: „Zu der Wägung und Analyse der Futtermittel und der Wägung des Tieres tritt die Wägung und Analyse der Exkremente hinzu" (Rechnung mit verdaulichen Nährstoffen).
4. Stufe: „Die damit" (mit dem Respirationsapparat) „anzustellenden Bestimmungen führen uns somit aus der gegenwärtigen dritten Periode in die bedeutungsvolle vierte der nächsten Zukunft", wobei als höchstes Ziel gilt, die „vollständige Kenntnis der Abhängigkeit, in welcher jeder einzelne Bestandteil des Tierkörpers von jedem einzelnen Bestandteil der Nahrung steht" (Bewertung der Futterstoffe nach ihrer Leistung).

Insbesondere ist es also die Einführung des Respirationsapparates in die Methodik der Untersuchungen des Stoffwechsels, die zu der bedeutungsvollen 4. Stufe führt. E. WOLFF (56) schreibt in seinem Lehrbuch im Jahre 1876 über diese Zeit: „Es begann eine ganz neue Periode, in welcher die landwirtschaftliche Fütterungslehre zu einer exakten Wissenschaft erhoben wurde."

Man baut in dieser Zeit an verschiedenen Orten einzelne Respirationsapparate und versucht, den Stoffumsatz festzustellen. RUBNER und andere weisen auf die Bedeutung der energetischen Umsetzung hin, wozu spezielle Respirationskalorimeter für verschiedene Tierarten entwickelt werden. Für die Entwicklung der Landwirtschaftlichen Versuchsstation Leipzig-Möckern und damit des späteren Arbeitsfeldes KELLNERs ist entscheidend, daß G. KÜHN (1840 bis 1892), ein Schüler HENNEBERGs, in Möckern einen Respirationsapparat nach dem PETTENKOFERschen Prinzip für große Wiederkäuer konstruierte und aufbaute. Mit diesem Apparat wurden die Arbeiten im Jahre 1892 aufgenommen. KÜHN als ausgezeichneter Analytiker hat somit die methodischen und experimentellen Vorbedingungen geschaffen, auf denen aufbauend KELLNER seine grundlegenden Arbeiten mit dem Respirationsapparat durchführen konnte.

KELLNER hat wiederholt betont, daß er aus den Arbeiten KÜHNs für seine Untersuchungen sehr großen Nutzen gezogen hat.

G. KÜHN hat versucht, den Stoffumsatz – insbesondere die N- und C-Bilanz – unter bestimmten Verhältnissen im Organismus des Wiederkäuers zu bestimmen.

KELLNER hat sofort — in logischer Konsequenz seiner Gedankengänge des Jahres 1880 — nach Einführung der Kalorimetrie in den Kreis der Beobachtungen neben der stofflichen Bilanz die energetische Bilanz einbezogen, eine Leistung, die wir vielleicht erst heute richtig würdigen können; denn durch die Einführung der Kalorienrechnung ist der Bewertungsbegriff erweitert worden, wobei ein naturwissenschaftlich exakter Maßstab in die Fütterungslehre hereingetragen worden ist.
Somit war der Boden von verschiedenen Forschern vorbereitet, auf dem KELLNER in der Folgezeit säen und eine große Ernte halten konnte. Wenn LENKEIT in einem Vortrag (30) zum Gedenken HENNEBERGs sagt: „Ohne HENNEBERG kein Stärkewert!“, so können wir erweitern und sagen: „Ohne die vielen methodischen und theoretischen Vorarbeiten der verschiedenen Forscher auf dem Gebiet der Tierphysiologie und den angrenzenden Gebieten kein Stärkewert!“. Aber es bedurfte der Hand eines genialen Forschers, diesen Boden voll zu nützen.
Wenn wir nun im folgenden die Arbeiten KELLNERs mit dem Respirationsapparat einer kritischen Betrachtung unterziehen und die Bedeutung dieser Arbeiten für die Entwicklung der Tierernährungslehre beleuchten wollen, so geschieht es — wie eingangs schon gesagt —, um aus dieser Analyse weitere Kenntnisse für die zukünftige Arbeit auf diesem für die wissenschaftliche Entwicklung der Tierernährungslehre so wichtigen Gebiet zu gewinnen.

DIE ARBEITEN KELLNERS MIT DEM RESPIRATIONSAPPARAT

RESPIRATIONSVERSUCHE MIT OCHSEN

Im ersten Jahr seiner Tätigkeit in Möckern hat KELLNER den gesamten wissenschaftlichen Nachlaß G. KÜHNs, darunter auch seine Respirationsversuche, aufgearbeitet und zur Veröffentlichung gebracht (24). Gleichzeitig hat er sich in diesem Jahr in die komplizierte Methodik der Respirationsversuche eingearbeitet. Aufbauend auf den Versuchen KÜHNs, führte KELLNER sodann in den Jahren 1894–1912 eine große Anzahl von Respirationsversuchen mit ausgewachsenen Ochsen, fernerhin mit Milchkühen sowie mit Hammeln durch. Von letzteren lassen sich leider aus den vorhandenen Unterlagen die Ergebnisse nicht aufbauen, da einige Analysendaten verlorengegangen sind.
Insgesamt hat KELLNER in dieser Zeit

149 Respirationsperioden mit ausgewachsenen Ochsen und
26 „ „ Milchkühen

durchgeführt.
Von den 149 Respirationsperioden mit Ochsen sind 102 methodisch so angelegt, daß zu einem Grundfutter, das den Erhaltungsbedarf reichlich deckt, eine Zulage eines reinen Nährstoffes bzw. Futterstoffes gegeben worden ist, um ihren Produktionswert bei der Fettmast ausgewachsener Ochsen im Differenzverfahren zu ermitteln. Die restlichen 47 Perioden sind zum Teil Grundfutterperioden, zum Teil wurden sie durchgeführt, um den Erhaltungsbedarf der Tiere zu ermitteln. Hinzu kommen noch einige Versuche G. KÜHNs, die KELLNER auswertete.
KELLNER hat nur einen kleinen Teil seiner Versuche ausführlich veröffentlicht (44 Einzelversuche, davon 28 Zulageperioden) (24). Die Ergebnisse der anderen Versuche verwertete er in seinem Lehrbuch „Die Ernährung der landwirtschaftlichen Nutztiere". Von FINGERLING, dem Nachfolger KELLNERs in Möckern, sind 19 Zulageperioden KELLNERs zur Veröffentlichung gebracht worden (9), und in jüngster Zeit (50) wurden 10 weitere Zulageperioden der Öffentlichkeit übergeben. Eine Veröffentlichung von weiteren 25 Zulageperioden KELLNERs sowie die Veröffentlichung der von KELLNER durchgeführten Milchviehversuche ist im letzten Jahr im 3. Band der Festschrift zum 100jährigen Bestehen der Landwirtschaftlichen Versuchsstation Möckern (42) erfolgt.
Aus dem Nachlaß KELLNERs verbleiben dann noch 20 Zulageperioden, d. h. etwa 20% der von ihm durchgeführten Respirationsversuche mit Ochsen, bei denen von einer Veröffentlichung Abstand genommen worden ist, da sie teilweise

methodisch zu unsicher sind, teilweise die Tiere versagt haben. Im Verlauf dieser Abhandlung wird jedoch auf eine Reihe dieser Versuche zurückgegriffen werden. Für die folgenden kritischen Betrachtungen standen neben den Veröffentlichungen die gesamten urschriftlichen Aufzeichnungen über die Respirationsversuche, die sehr übersichtlich und korrekt geführt worden sind und nahezu vollständig erhalten blieben, aus den Jahren 1890—1911 zur Verfügung.

a) Versuchsmethodik

In den ersten Respirationsversuchen hat sich KELLNER methodisch an die Versuche KÜHNS angelehnt. Eine ausführliche Beschreibung der analytischen Methoden, der Probenahme sowie des Respirationsapparates befindet sich im 44. Bd. der Landwirtschaftlichen Versuchsstationen (1884), S. 264ff. Als wichtigste Neuerung hat KELLNER die Ermittlung des Energieumsatzes durch Hinzufügen der Kalorimetrie in den Kreis der Untersuchungen eingeführt, so daß er seine erste eigene Veröffentlichung über Respirationsversuche unter dem Titel „Untersuchungen über den *Stoff- und Energieumsatz* volljähriger Ochsen bei Erhaltungsfutter“ (24) zum Abdruck bringen konnte. Diese Einführung der Kalorienrechnnug war für die weiteren Arbeiten zur Bestimmung des Produktionswertes von Futtermitteln von entscheidender Bedeutung, da damit die Untersuchungsergebnisse auf eine naturwissenschaftlich exakte Basis gestellt werden konnten.

1. Der Einzelversuch

Kritisch betrachtet, zeigen die Ergebnisse der analytischen Untersuchungen der Futtermittel bzw. der sonstigen Einnahmen sowie der festen und flüssigen Ausscheidungsprodukte, daß mit einer Genauigkeit und Sorgfalt gearbeitet worden ist, die auch heute mit den zum Teil verfeinerten Analysenmethoden und Geräten kaum zu überbieten sein dürfte. In den KELLNERschen Veröffentlichungen sind dafür genügend Beispiele zu finden. Im einzelnen wollen wir auf diese Frage jedoch nicht weiter eingehen, da sich für uns hieraus keine neuen Gesichtspunkte ergeben. Es soll nur auf den hohen Arbeitsaufwand hingewiesen werden, der bei der Durchführung der Respirationsversuche geleistet worden ist. Wir werden hierauf noch zurückkommen.

Die Besonderheit der Meßmethodik bei Respirationsversuchen liegt in der Bestimmung des Gasstoffwechsels der Versuchstiere. Bekanntlich hatte KELLNER für seine Untersuchungen mit Wiederkäuern den von KÜHN in Möckern erbauten Respirationsapparat nach dem v. PETTENKOFERschen Prinzip in der von HENNEBERG in Weende-Göttingen erprobten Modifikation zur Verfügung. Es sei betont, daß während der Tätigkeit KELLNERs in Möckern nur *eine* Apparatur vorhanden war. Diese Apparatur ist im einzelnen zuletzt von PAECHTNER (51) im Jahre 1931 beschrieben worden, worauf hier verwiesen wird. Aus der Anlage der Apparatur ergibt sich, daß es mit dieser nur möglich ist, die vom Tier produzierten CO_2-Mengen sowie die Gärungskohlenwasserstoffe — berechnet als Methan — mit ausreichender Genauigkeit zu bestimmen.

Eine Bestimmung des Sauerstoffverbrauchs des Tieres ist mit ausreichender Genauigkeit mit dieser Apparatur nicht durchzuführen, da bei dieser Apparatur mit so hohem Luftdurchsatz gearbeitet werden muß, daß beim Respirationsversuch das Sauerstoffdefizit zwischen der in den Kasten eintretenden und der austretenden Luft in der Größenordnung von 0,1 Vol.-% liegt. Für die Sauerstoffbestimmung kommt praktisch nur eine gasanalytische Absorptionsmethode in Frage, bei der der Bestimmungsfehler in der Größenordnung von 0,005 Vol.-% liegt. Auf das Defizit und damit auf den vom Tier verbrauchten Sauerstoff bezogen, bewirkt dieser Bestimmungsfehler eine Unsicherheit von etwa 5%! Demzufolge mußte sich KELLNER bei der Versuchsdurchführung auf die Ermittlung der Stickstoff-, Kohlenstoff- und Energiebilanz beschränken, wobei der Anteil der vom Tier produzierten thermischen Energie auf indirekte Weise aus der stofflichen Bilanz errechnet werden muß. Dieses Verfahren ist absolut korrekt, falls man einen idealen Gleichgewichtszustand messen kann. Im Tierversuch gibt es jedoch keine idealen Gleichgewichtszustände; wir können uns hier nur mit mehr oder weniger großer Genauigkeit dem Gleichgewichtszustand annähern. *Die Kunst der Versuchsanstellung liegt also darin, während der Versuchszeit im Tier einen Gleichgewichtszustand herzustellen* bzw. einen stabilen Zustand zu erreichen, bei dem in gleichen Zeitabschnitten das gleiche Geschehen abläuft.

Nun kann man jedoch durch die Ermittlung der Stickstoff-, Kohlenstoff- und Energiebilanz nach den oben angegebenen analytischen Voraussetzungen nicht exakt genug erkennen, ob ein annähernder Gleichgewichtszustand während der Versuchszeit im Tier erreicht wurde. Eine gewisse, allerdings nicht absolut sichere Kontrollmöglichkeit ist methodisch in zweifacher Art gegeben: einmal kann die Messung der vom Tier produzierten thermischen Energie durch direkte Kalorimetrie (Respirationskalorimeter) erfolgen, zum anderen ist eine weitere Berechnung der thermischen Energie über die Ermittlung des während der Versuchszeit vom Tier verbrauchten Sauerstoffs möglich, sofern die kalorischen Werte des Sauerstoffs für die einzelnen respirierten Nährstoffgruppen mit ausreichender Genauigkeit bekannt sind. Daß letzteres im Rahmen der unvermeidbaren Fehlergrenze solcher Versuche der Fall ist, ergibt sich aus zahlreichen Versuchen MØLLGAARDs (34). Es wird darauf hingewiesen, daß die Berechnung der thermischen Energie nach der ANDERSENschen Gleichung, insbesondere bei respiratorischen Quotienten über 1, d. h. wenn ein starker Fettansatz aus Kohlenhydraten erfolgt, unsicher ist. Hinzu kommt ferner, daß die Meßgrößen zur Aufstellung der — kalorisch ausgedrückten — stofflichen Bilanz und der energetischen Bilanz nicht völlig unabhängig voneinander sind, so daß die Kontrollmöglichkeit eines Versuches über die zusätzliche Erfassung der Sauerstoffbilanz nur beschränkt ist. Eine ausführliche Diskussion über diesen Fragenkomplex wird zu einem späteren Zeitpunkt erfolgen. Methodisch gesehen dürfte es einfacher sein, zur Ermittlung der thermischen Energie die Sauerstoffbilanz zu bestimmen, als die thermische Energie direkt im Respirationskalorimeter zu messen.

Aus noch zu besprechenden Ursachen haben wir Grund zur Annahme, daß bei einigen KELLNERschen Respirationsversuchen mit Ochsen ein vollständiger

Gleichgewichtszustand während des Versuches nicht erreicht worden ist. Demzufolge können die Versuchsresultate mit Fehlern behaftet sein, deren Größe sich nicht ermitteln läßt.

Es ist daher für die weitere Arbeit mit Respirationsapparaten wünschenswert, daß die Sauerstoffbilanz mit erfaßt wird, damit u. a. die Versuche über das *Energieerhaltungsgesetz* kontrolliert werden können. Auf die Wichtigkeit dieser Maßnahme ist von MØLLGAARD wiederholt hingewiesen worden (35) [vgl. hierzu eine Arbeit von NEHRING und SCHIEMANN (49)].

Zur Beurteilung der KELLNERschen Versuche ist es wichtig, die Genauigkeit der respiratorischen C-Bestimmung zu kennen. Hierüber geben uns die durchgeführten Eichversuche mit der Respirationsapparatur Aufschluß. In der Regel hat KELLNER in jedem Jahr zu Beginn einer neuen Versuchsreihe 2—5 Eichversuche mittels Paraffinkerzen durchgeführt. Die Übereinstimmung zwischen den aus den verbrannten Kerzen berechneten und den über die verschiedenen Parallelsysteme wiedergefundenen CO_2-Mengen ist ausgezeichnet und übertrifft manche anderen analytischen Bestimmungen. Dies soll an folgendem Beispiel gezeigt werden:

Kontrollversuch mit Kerzen

Datum	Entwickelte CO_2-Menge	Wiedergefunden in %				
		System 1	System 2	System 3	System 4	Mittel
19. 9. 01	4706,2 g	100,7	99,5	99,3	99,6	99,8
24. 9. 01	4487,8 g	100,9	100,1	100,4	100,6	100,5
27. 9. 01	4441,0 g	100,0	100,4	100,0	99,9	100,1

Der mittlere Fehler der Abweichungen vom theoretischen Wert liegt bei jeder Eichversuchsreihe unter 0,5%, wobei Einzelabweichungen maximal bis zu 1,5% vorkommen. Es ist also von KELLNER eine Genauigkeit der Messungen erreicht worden, die auch heute kaum zu überbieten sein dürfte. Allerdings sei auch hier betont, daß diese Genauigkeit mit einem sehr hohen Arbeitsaufwand an einzelnen analytischen Bestimmungen und Beobachtungen erreicht worden ist. Hier ist es für uns notwendig, zu rationelleren und teilweise automatischen Meßverfahren überzugehen, worauf später noch zurückzukommen ist.

Weiterhin ist darauf hinzuweisen, daß KELLNER vorwiegend nur wissenschaftlich ausgebildete Mitarbeiter für die Durchführung der Respirationsversuche eingesetzt hat. Bei dem großen Arbeitsaufwand war folglich ein hoher Personalbestand notwendig. Wir müssen bei zukünftigen Versuchen anstreben, in stärkerem Maße durch Vereinfachung der Meßverfahren angelernte technische Kräfte einzusetzen.

Insgesamt sind die apparativen und analytischen Voraussetzungen bei den KELLNERschen Versuchen hinsichtlich der Genauigkeit der Einzelmessung so gut, daß sie jeder Kritik standhalten. Wir werden jedoch untersuchen, inwieweit sich die von KELLNER durchgeführten Bestimmungen hinsichtlich des analytischen Arbeitsaufwandes vereinfachen lassen, ohne daß damit die Sicherheit der Versuchsergebnisse gefährdet wird. Zu diesem Zweck sind im folgenden an Hand einer Respirationsperiode die von KELLNER durchgeführten Untersuchungen zusammengestellt. Als Beispiel dient die Grundfutterperiode des Tieres K (Periode 4):

1. Versuchsplan: Vorfütterung 13. 1.—22. 1. 1900
   Versuch 23. 1.—5. 2. 1900
2. Ration: 4 kg Wiesenheu, 3 kg Melasseschnitzel, 1 kg Erdnußmehl, 40 g Kochsalz
3. Vorbereitung zur quantitativen Fütterung: Mischen der jeweiligen Futtermittelpartien; Probenahme, Abwägen der Tagesration:
   a) beim Wiesenheu an einem Tag für die gesamte Periode
   b) bei Melasseschnitzeln und Erdnußmehl in zwei Abschnitten für 8 und 6 Tage
   Bestimmung des Trockensubstanzgehaltes der Durchschnittsprobe der Einzelfuttermittel
4. Tägliche quantitative Fütterung zu festgelegten Zeiten; Pflege der Tiere
5. Tägliche Messungen während des Versuchs im Versuchsstall:
   a) Stalltemperatur
   b) Lebendgewicht
   c) Tränkwasserverzehr
   d) Tageskotmenge, Nachtkotmenge; Mischen und Probenahme, Bestimmung des „Waschkotes“
   e) Harnmenge; Mischen und Probenahme
6. Respirationsversuch am 24., 26., 29. und 31. 1. 1900
   a) Vorbereitungen am Vortage: 6fache Titerbestimmungen der beiden verwendeten Barytlösungen, Ausspülen und Beschicken der 16 Pettenkoferröhren, Einbau neugefüllter Kontaktrohre im Methanverbrennungsofen, Probelauf
   b) Messungen am Versuchstag:
      1. 2 Stunden Vorventilation
      2. Einbringen des Tieres nach Wägung in den Kasten, Dauer des Versuchs 24h
      3. Ständige Beobachtung des Versuchs durch eine wissenschaftliche Kraft, die neben der Fütterung folgende Beobachtungen aufzeichnet:
         a) Stand- und Liegezeit des Tieres, Öffnen des Futterkastens, Entnahme des Kotes
         b) 2stündige Ablesungen: I. Temperatur im Kasten, an der Kastentür, in der großen Gasuhr, in den 8 kleinen Gasuhren der 8 Probesysteme; II. Durchsatz an der großen Gasuhr sowie den 8 kleinen Gasuhren der Probesysteme, III. Tourenzahl der Maschine; IV. Temperatur im Hauptrohr
      4. Mit Kot und Harn wird wie im Versuchsstall verfahren
      5. Nach 24h Abbruch des Versuchs, Herausführen des Tieres, wiederholte Ablesungen des Standes sämtlicher Gasuhren

c) Messungen am folgenden Tag:
   1. 3fache Bestimmung der absorbierten CO_2-Menge in allen Systemen
   2. Mehrfache Eichung sämtlicher (9) Gasuhren
   3. Abwaschen der an den Ständen haftengebliebenen Kotreste und Bestimmung des Trockensubstanzgehaltes (sämtliche Messungen und analytischen Untersuchungen werden von wissenschaftlichen Kräften durchgeführt)

7. Untersuchung der Futtermittel:
   a) Weender Futtermittelanalyse
   b) Verbrennungswärme
   c) C-Bestimmung

8. Untersuchungen des Kotes:
   Tägliche Bestimmung der Trockensubstanzmenge des Tages- und Nachtkotes, Stickstoffbestimmungen im Frischkot
   Sammelprobe (Mischkot) pro Periode: Weender Analyse
   Verbrennungswärme
   C-Gehalt

9. Untersuchungen des Harns:
   Tägliche Bestimmung von spezifischem Gewicht,
   Trockensubstanz,
   Stickstoff

   Zusätzliche Bestimmung an den Respirationstagen:
   Kohlenstoff
   freie und halbgebundene Kohlensäure
   Verbrennungswärme (einschließlich N-Verlust durch Trocknung)

10. Untersuchung des Tränkwassers an den Respirationstagen auf Gehalt an Kohlenstoff

11. Berechnung und Auswertung des Versuchs

Insgesamt sind also pro Respirationsperiode weit *über 1000* Einzelbeobachtungen bzw. Untersuchungen bei der von KELLNER angewandten Methodik durchgeführt worden. Wie schon angedeutet, wollen wir nun an Hand des Beispiels untersuchen, inwieweit bei der einzelnen Respirationsperiode die Voraussetzungen für die Einstellung eines Gleichgewichtszustandes im Tier erfüllt sind und inwieweit sich der Umfang der analytischen Untersuchungen und der sonstigen Beobachtungen verkleinern bzw. vereinfachen läßt, ohne die Sicherheit des Einzelversuchs zu gefährden.

Bei der Betrachtung des Versuchsplanes fällt zunächst auf, daß eine verhältnismäßig kurze Vorfütterungszeit eingehalten worden ist. Sie beträgt in diesem Versuch nur 10 Tage. Diese Beobachtung gilt für viele der von KELLNER durchgeführten Respirationsversuche mit Ochsen. Hier ist der Einwand zu erheben, daß in der Regel infolge des großen Verdauungsapparates der Ochsen nicht zu erwarten ist, daß sich das Tier innerhalb von 10 Tagen schon vollständig mit Einnahmen und Ausgaben ins Gleichgewicht gesetzt hat. Dies gilt insbesondere, wenn durch Futterumstellung starke Änderungen in der Höhe bzw. auch der Zusammensetzung der Ration gegenüber der vorhergehenden Versuchsfütterung erfolgt sind, wie sie ja bei dem Prinzip der Differenzmessung zur Produktionswertbestimmung von Futtermitteln notwendig ist. Auch eine häufig eingehaltene Vorfütterungszeit von 14 Tagen dürfte bei Rationsumstellungen nicht immer ausreichend sein, so daß bei zukünftigen Versuchen der Dauer der Vorfütterung besondere Aufmerksamkeit gewidmet werden muß [vgl. hierzu NEHRING und SCHIEMANN (49)].

Es läßt sich bei einer Reihe der KELLNERschen Respirationsperioden nachweisen, daß in den ersten Tagen der Versuchsperiode die Kotausscheidungen durch die vorhergehende Fütterung beeinflußt worden sind. Teilt man nämlich bei diesen Perioden die Kotausscheidungen (Trockensubstanz) in zwei Unterperioden auf, so ergeben sich in den ausgeschiedenen Trockensubstanzmengen Differenzen bis maximal 5%. In der Regel sind die Abweichungen nicht zufälliger Natur, sondern sie sind gerichtet und können durch die vorausgegangene Fütterung erklärt werden.

Bei den vorhergehenden Aufzeichnungen ist noch ein weiterer Punkt kritisch zu beleuchten, nämlich die Abwägung einzelner Bestandteile der Versuchsration in zwei Abschnitten (z. B. bei Melasseschnitzeln und Erdnußmehl). Da in der Regel durch Veränderung des Trockensubstanzgehaltes der Futtermittel innerhalb einer Periode verschiedene Trockensubstanzmengen täglich zum Verzehr gelangen, wird das Gleichgewicht im Tier gestört. Die Änderung in der Verzehrmenge kann bis zu 1% betragen. Diese kleine Veränderung der Verzehrmenge erscheint zuerst nur geringfügig und ohne besondere Bedeutung. Da aber zur Bestimmung des Produktionswertes von Futterstoffen im allgemeinen das Differenzverfahren angewendet werden muß, bei dem sich sämtliche Fehler auf die Differenz auswirken, kann durch diese Änderung der Verzehrmenge innerhalb der Einzelperioden das Ergebnis schon merkbar beeinflußt werden (s. „Kotfehler" S. 38 ff.).

Auf die Frage der Abwägung der Grundfutter- und Zulagerationen beim Differenzversuch ist später noch einzugehen. Ebenfalls wird eine Diskussion der Zusammenstellung und Höhe der Grundfutterrationen bei der Besprechung des Differenzverfahrens erfolgen.

Es bleibt nun noch einiges über die zeitliche Verteilung sowie über die Anzahl der Respirationstage während einer Respirationsperiode zu sagen. Folgende Aufstellung gibt über die pro Periode eingeschalteten Respirationstage Auskunft:

a) von KELLNER veröffentlichte Versuche (Tier B bis J)

Respirationstage pro Periode:	2	3	4	5
Zahl der Perioden:	1	6	23	9

b) von KELLNER nicht veröffentlichte Versuche (Tier K und M—Z)

Respirationstage pro Periode:	2	3	4	5
Zahl der Perioden:	2	68	20	9

Daraus ergibt sich, daß KELLNER bei seinen ersten Versuchen in der Regel 4 Respirationstage, in den späteren Versuchen nur 3 pro Periode durchgeführt hat. Nur in den Fällen, in denen zwischen den einzelnen Tagen größere Abweichungen zu verzeichnen waren, wurden noch 1–2 weitere Versuche eingeschaltet. Hinsichtlich der Verteilung der Respirationstage über die Periode (Periodendauer im allgemeinen 13–16 Tage) liegt bei den KELLNERschen Versuchen keine strenge Systematik vor. Bei einigen Perioden sind die Respirationstage gleichmäßig über die Periode verteilt, bei anderen sind sie mehr auf die erste oder die zweite Hälfte konzentriert. Trotzdem ist die Übereinstimmung in den respiratorischen C-Ausscheidungen innerhalb einer Periode bei den KELLNERschen Versuchen gut. Als Maßstab kann hierbei der mittlere Fehler des Mittelwertes der ausgeschiedenen respiratorischen C-Mengen einer Periode dienen. Für die oben aufgeführten 138 Perioden ergibt sich folgende Fehlerverteilung:

Mittlerer Fehler des Mittelwertes %:	0–0,10	0,11–0,20	0,21–0,30	0,31–0,40
Anzahl der Perioden:	6	7	25	18

Mittlerer Fehler des Mittelwertes %:	0,41–0,50	0,51–0,60	0,61–0,70	0,71–...
Anzahl der Perioden:	32	17	13	20

Demnach liegt der mittlere Fehler des Mittelwertes bei

(a) ca. 1/3 der Perioden unter 0,35%
(b) ca. 1/3 „ „ zwischen 0,36% und 0,55%
(c) ca. 1/3 „ „ über 0,56%

Wenn wir nun fragen, inwieweit sich diese Fehler auf die Meßgröße, nämlich den kalorischen Ansatz, auswirken können, so gilt folgende Überschlagsrechnung: Die respiratorischen C-Ausscheidungen ausgewachsener Ochsen liegen je nach der Ration etwa zwischen 2000 und 3000 g pro Tag. Rechnen wir im Mittel mit 2500 g, so bedingen die angegebenen Fehler eine Versuchsunsicherheit bei

(a) $>$8,75 g C entsprechend $>$109 kcal Fettansatz
(b) 8,75–13,75 g C „ 109–170 kcal „
(c) $<$13,75 g C „ $<$170 kcal „

Auf die Auswirkung dieser Fehler bei der Messung des Produktionswertes von Futterstoffen nach der Differenzmethode wird später noch ausführlich einzugehen sein. Wir wollen hier zunächst festhalten, daß die Fehlergrößen nicht unbedeutend sind.

Bekanntlich läßt sich die Sicherung des Mittelwertes einer Meßreihe nur durch Vermehrung der Anzahl der Einzelmessungen vergrößern, falls die Einzelmessungen unter uniformen Bedingungen durchgeführt werden. Es ist daher bei zukünftigen Respirationsversuchen mit Wiederkäuern anzustreben, daß pro Respirationsperiode wenigstens 6 Respirationstage eingeschaltet werden, die gleichmäßig auf die Periode zu verteilen sind. Zu diesem Problem der Anzahl der Respirationstage sowie ihrer zeitlichen Anordnung im Versuch wurde bereits früher von NEHRING und SCHIEMANN (49) Stellung genommen, so daß in Einzelheiten hierauf verwiesen wird. Es ist hier noch zu erwähnen, daß es zweckmäßig erscheint, die Hauptperiode in zwei gleiche Unterperioden aufzuteilen; die Prüfung der Übereinstimmung der beiden Unterperioden bietet eine gewisse Kontrolle über die Sicherheit der Versuchsergebnisse.

Wenden wir uns nun der Frage nach der Verminderung des analytischen Aufwandes bzw. der Vereinfachung und Mechanisierung der Messungen zu. Unter Punkt 5 der Zusammenstellung (Tägliche Messungen im Versuchsstall) ist angegeben, daß KELLNER täglich das Lebendgewicht des Tieres sowie den Tränkwasserverbrauch bestimmt. Es dürfte ausreichend sein, das Versuchstier nur an den Tagen, an denen es in den Respirationsapparat geführt wird, zu wiegen, wenn die oben geforderten Bedingungen hinsichtlich Anzahl und Verteilung der Respirationstage erfüllt sind. Falls nicht besondere Fragestellungen vorliegen, die die Bestimmung des Tränkwassers notwendig machen, ist diese Ermittlung bei Respirationsversuchen nicht notwendig. KELLNER führte die Messungen des Tränkwasserverbrauchs in den späteren Versuchen nur durch, um auf Grund des analytisch bestimmten Gehalts an Kohlensäure im Tränkwasser die C-Bilanz zu korrigieren. Die Größenordnung des durch das Tränkwasser aufgenommenen Kohlenstoffs liegt bei 2–3 g pro Tag. Gegenüber einer Gesamteinnahme im Futter von 3500–5000 g C ist die durch das Tränkwasser aufgenommene C-Menge so gering, daß ohne weiteres eine konstante Korrektur eingeführt werden kann, nachdem man die Karbonathärte des Wassers einmal bestimmt hat.

Unter Punkt 8 (Untersuchungen des Kotes) ist angegeben, daß KELLNER während der gesamten Respirationsperiode die Trockensubstanzmenge des Tages- und Nachtkotes sowie den N-Gehalt des Mischkotes täglich bestimmte. Dies erfordert pro Respirationsperiode ca. 140 Einzelbestimmungen. Wenn man durch entsprechende Versuchsplanung dafür sorgt, daß während der Versuchszeit ein „stabiler Zustand" im Tier eingestellt worden ist, erscheint es nicht notwendig, diese täglichen Bestimmungen durchzuführen, sondern es dürfte ausreichen, diese Bestimmungen an den gut konservierten Sammelproben einmal für die Periode bzw. Unterperiode durchzuführen. Entsprechendes gilt für den Punkt 9 (Untersuchungen des Harns). Hier sind von KELLNER pro Periode im Durchschnitt ca. 110 Einzelmessungen durchgeführt worden, die man ebenfalls auf die Messung der angegebenen Größen in den gut konservierten Sammelproben beschränken kann. Damit ist der Aufwand an analytischen Arbeiten schon wesentlich eingeschränkt.

Zweifelsohne liegt in der Messung des Gasstoffwechsels der größte Arbeitsaufwand. Abgesehen davon, daß mit der KELLNERschen Apparatur nicht die Sauerstoffbilanz erfaßt werden kann, ist eine Umkonstruktion mit weitgehender automatischer Registrierung notwendig, um den Arbeitsaufwand für die Einzelmessung zu verringern. Da zur Zeit im Oskar-Kellner-Institut für Tierernährung Rostock die apparative Umkonstruktion und die speziellen analytischen Methoden noch in der Entwicklung stehen, soll dieses Gebiet hier nicht weiter erörtert werden. Über diese wichtigen Arbeiten wird zu einem späteren Zeitpunkt ausführlich zu berichten sein[1]). Wir wollen hier nur die Hauptforderungen herausstellen, die technisch zu lösen sind, wenn Respirationsversuche mit Erfolg durchgeführt werden sollen:

1. Die Apparatur muß so aufgebaut werden, daß das Versuchstier keinerlei Störungen erfährt.
2. Die Bestimmung der Kohlensäureproduktion sowie der Produktion der Gärungskohlenwasserstoffe und auch des Sauerstoffverbrauches des Tieres muß mit einer Genauigkeit durchführbar sein, daß der mittlere Fehler der Einzelmessung 1% nicht überschreitet.
3. Die Einzelmessungen sind soweit als möglich zu automatisieren, um den Arbeitsaufwand zu verringern und die Messungen von subjektiven Fehlern weitgehend freizuhalten.

Es wurde bereits erwähnt, daß KELLNER für seine Untersuchungen nur eine Respirationsapparatur zur Verfügung hatte. Erst sein Nachfolger, G. FINGERLING, baute in Möckern weitere Apparate für Rinder, einige für Schweine sowie eine Apparatur für Pferde auf. In der Regel stellte KELLNER jeweils 2 Tiere zu Respirationsversuchen auf. Bei entsprechender Versuchsplanung läßt sich dann der Gasstoffwechsel beider Tiere mit einer Apparatur untersuchen. Bei einer Reihe der KELLNERschen Respirationsversuche mit Ochsen wurden die beiden Tiere zum Parallelversuch aufgestellt, bei einer großen Anzahl handelt es sich aber auch um Einzelversuche, bei denen keine Wiederholung durchgeführt worden ist. Es wird später die Fehlergröße von Einzelversuchen, die sich auf die Berechnung der kalorischen Ansätze auswirkt, ausführlich zu erörtern sein. Wir werden eingehend begründen, daß zur Bestimmung des Produktionswertes von Futterstoffen alle Respirationsversuche bei „einfachen Futterstoffen" mit wenigstens 4 Paralleltieren, bei „schwierigen Futterstoffen" mit 6 oder 8 Paralleltieren unter methodisch gleichen Bedingungen durchgeführt werden müssen, wenn der Mittelwert der resultierenden Ergebnisse eine ausreichende Sicherheit haben soll (s. hierzu S. 46). Dazu ist es notwendig, daß in Instituten, die sich diese Messungen zum Ziel setzen, mehrere Repirationsapparate für die gleiche Tierart aufgebaut werden, so daß die Respirationsversuche auch zeitlich parallel laufen können.

---

[1]) Während des Druckes wurde ein Bericht „Über den apparativen Aufbau von Respirationsapparaten für Kleintiere" veröffentlicht (Archiv f. Tierern. 7, 80—97, 1957).

2. Der Differenzversuch zur Bestimmung des Produktionswertes von reinen Nährstoffen bzw. Futterstoffen

Die einzelne Respirationsperiode gibt einen Überblick über die Verteilung der Energie der jeweils verfütterten Ration beim speziell verwendeten Versuchstier nach folgendem Schema:

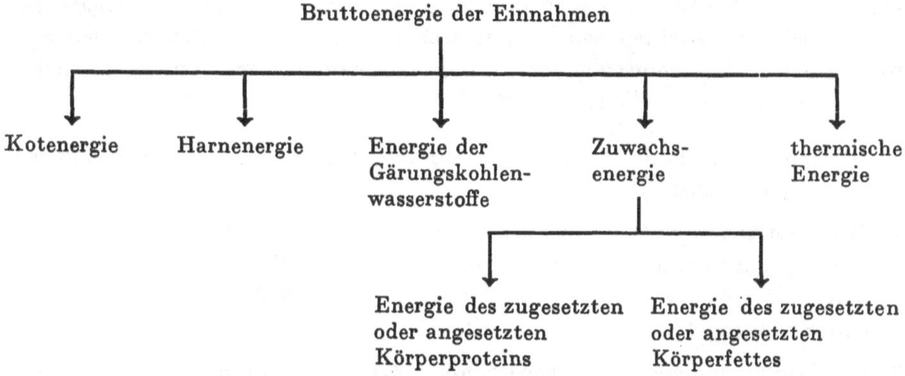

Dabei wird die Zuwachsenergie aus der N- und C-Bilanz und die thermische Energie aus der Cal-Bilanz berechnet. Demzufolge ist die Zuwachsenergie mit den Fehlern der N- und C-Bilanz, die thermische Energie mit den Fehlern der Cal-Bilanz behaftet.

Eine Verallgemeinerung der Ergebnisse aus solchen *Einzelperioden* für die Fütterung der landwirtschaftlichen Nutztiere ist nicht möglich, da eine zu große Anzahl von Variationsmöglichkeiten hinsichtlich Höhe und Zusammensetzung der Rationen usw. vorhanden ist.

Um eindeutige Meßwerte zu schaffen, ist KELLNER bei seinen Untersuchungen so vorgegangen, daß er zunächst eine Versuchsreihe zur Bestimmung des Erhaltungsbedarfs volljähriger Ochsen durchführte, um dann im *Differenzverfahren* die Fettansatzleistung der reinen Nährstoffe und weiter die Fettansatzwirkung von verschiedenen Futterstoffen bei der Fettmast volljähriger Ochsen zu ermitteln. Beurteilungsmaßstab für den Produktionswert der reinen Nährstoffe bzw. Futterstoffe ist also die unter bestimmten experimentellen Bedingungen gefundene Leistung bei der Fettmast der Ochsen. Diese Leistung wurde von KELLNER in kcal (Nettoenergie) gemessen, also in einer wissenschaftlich exakt definierten Meßgröße.

Aus der Anlage und Formulierung der ersten Versuchsreihe nach dem Differenzverfahren (Tier B, C, D) ist ersichtlich, daß KELLNER in diesen Versuchen mehr die Gesamtwirkung der Ration unter verschiedenen Nährstoffverhältnissen im Auge hatte und daß er erst nach Beendigung dieser Versuche das vielleicht unbewußt eingeschlagene Differenzverfahren als Meßprinzip für die Produktionswertbestimmung erkannte.

Bei den Versuchen mit dem Ochsen E hat KELLNER unbeabsichtigt die Methodik des Ersatzversuches in seine Untersuchungen eingeführt, diese aber in späteren Versuchen nicht mehr angewendet. (Auf die methodischen Möglichkeiten des Ersatzversuches ist später noch ausführlich einzugehen (s. S. 55).)
Bei den Respirationsversuchen KELLNERs mit den Ochsen F—Z ist also stets das Differenzverfahren als Meßprinzip eingehalten worden.
Da die grundsätzliche Durchführung des Differenzverfahrens bei Respirationsversuchen unter anderem von KELLNER ausführlich in seinem Lehrbuch beschrieben ist, also als genügend bekannt vorausgesetzt werden muß, wollen wir uns im folgenden nur mit den speziellen Fragen zu diesem Problem an Hand der KELLNERschen Versuche beschäftigen.

a) Ist die Meßmethodik theoretisch gerechtfertigt?
b) Welche Forderungen sind an die Zusammensetzung und Höhe des Grundfutters zu stellen?
c) Bestehen Wechselwirkungen zwischen „Erhaltungs- und Produktionsfutter“?
d) Ist mit gesicherten individuellen Einflüssen und mit stärkeren Umwelteinflüssen auf die Meßgröße Nettokalorien (Fett) zu rechnen?
e) Mit welcher Genauigkeit sind die von KELLNER ermittelten Werte zu belegen?

Zu a) Ist die Meßmethodik theoretisch gerechtfertigt?
Auf den Differenzversuch angewendet, ergeben sich folgende thermodynamische Gleichungen:

(1) Zulage-periode:	Brutto-energie	—	chemische Energie der Ausscheidungen	=	umsetzbare Energie	=	Thermische Energie	+ Nettoenergie (Fettansatzenergie)
(2) Grund-futter-periode:	Brutto-energie	—	chemische Energie der Ausscheidungen	=	umsetzbare Energie	=	Thermische Energie	+ Nettoenergie (Fettansatzenergie)
(1)—(2) Zulage:	Brutto-energie	—	chemische Energie der Ausscheidungen	=	umsetzbare Energie	=	Thermische Energie	+ Nettoenergie (Fettansatzenergie)

Falls in beiden Perioden ein stabiler Zustand im Tier vorhanden war, ist die Nettoenergie der Zulage eine eindeutige Leistungsgröße für ihren Produktionswert, sofern physiologisch keine korrelative Beeinflussung der Ausnutzung bzw. Verwertung zwischen Grundfutter und Zulagefutter erfolgt und das Tier während des ganzen Versuchs sich im gleichen physiologischen Zustand befindet. Ferner muß die Bedingung erfüllt sein, daß das Verhältnis der Bruttoenergie zur umsetzbaren Energie sowie das der umsetzbaren Energie zur Nettoenergie der Zulage unabhängig von der Höhe der Ration ist. Von allen tierischen Leistungen kommt aus oft erörterten Gründen [vgl. z. B. MØLLGAARD (39)] *die Fettmast ausgewachsener Tiere* diesen Forderungen am nächsten. Es sind aber auch hier sehr viele Momente bei der Versuchsplanung zu beachten, wenn man diese Forderungen annähernd erreichen will. KELLNER hat eine sehr gute Wahl getroffen, als er die Fettmast ausgewachsener Ochsen als methodische Grundlage zu seinen Produktionswertbestimmungen heranzog, da nach den damaligen Kenntnissen über den tierischen Stoffwechsel diese Wahl keineswegs selbstverständlich war.

Von den oben aufgeführten Bedingungen ist eine beim Differenzversuch nicht zu erfüllen, nämlich die, daß sich das Tier in beiden Perioden im gleichen physiologischen Zustand befindet. Es liegt in der Art der Methodik, daß sich zumindest das Gewicht des Tieres verändert. (Auf die dadurch bedingte Korrektur der Nettoenergie wird beim Kapitel über den Erhaltungsbedarf der Rinder einzugehen sein.)

Weitgehend ungeklärt ist ebenfalls die Frage, ob Proportionalität zwischen Höhe der Zulage und Höhe der vom Tier produzierten Nettoenergie besteht. KELLNER hat aus seinen Versuchen geschlossen, daß die Proportionalität unter Beachtung bestimmter Voraussetzungen gegeben ist. Er schreibt dazu in seinem Lehrbuch (6. Aufl. S. 114/115): „Da die geringen Abweichungen in den Ergebnissen der einzelnen Versuche vollständig innerhalb der unvermeidlichen Fehlergrenze liegen, so darf aus Beobachtungen geschlossen werden, daß unabhängig von der Größe der im Überschuß zugeführten nutzbaren Energie immer ein gleicher Prozentsatz derselben zum Ansatz verwertet wird. Der Ansatz verläuft proportional dem zugeführten Überschuß. Ausnahmen in diesem Gesetz sind nur dann zu beobachten, wenn

1. infolge Mangels an nur thermisch wirkender Energie in der Nahrung ansatzfähiges Material zur Wärmeproduktion herangezogen wird,
2. bei überreicher Nahrungszufuhr die Verdauungsvorgänge eine von der Norm abweichende Richtung annehmen, und
3. infolge lange andauernden Ansatzes sich der Bedarf für die bloße Erhaltung ändert."

(Diese Frage wird bei der Fehlerbetrachtung der KELLNERschen Versuche noch weiter erörtert.)

Die Auffassung KELLNERs wird von einer Reihe Stoffwechselphysiologen [z. B. ARMSBY (1), BREIREM (6, 7), FINGERLING (10), KLEIBER (27), MØLLGAARD (39)] geteilt, wogegen von einer Anzahl anderer [z. B. AXELSSON (2, 3), BLAXTER und GRAHAM (5), HELLBERG (15) und WIEGNER (54)] die Meinung vertreten wird, daß diese Voraussetzung nicht erfüllt ist, daß also die Nettoenergie mit steigender Zulage pro Gewichtseinheit derselben fällt. Eine eingehende Kritik der WIEGNERschen Auffassung über die kontinuierliche Abnahme der Nettoenergie mit steigender Zulage nach einer logarithmischen Funktion ist kürzlich von KLEIBER (27) vorgenommen worden. Er kommt zu folgendem Ergebnis: „Einstweilen nötigen uns demnach weder empirische noch theoretische Gründe, die einfache Formulierung der Futterwirkung von KELLNER und ARMSBY für eine komplizierte Formulierung aufzugeben."

Die in dieser Richtung bisher durchgeführten experimentellen Untersuchungen erscheinen aber zur Zeit als noch nicht ausreichend, um ein eindeutiges Urteil fällen zu können. Hier können nur breit angelegte Respirationsversuche nach eindeutigem Versuchsplan eine Klärung bringen.

Zusammenfassend ist zur Frage nach der theoretischen Richtigkeit der Meßmethodik zu sagen: Die bisher von KELLNER und verschiedenen anderen

Forschern durchgeführten Respirationsversuche lassen erwarten, daß die die Sicherheit der Meßmethodik einschränkenden Bedingungen durch entsprechende Versuchsplanung so weit eliminiert bzw. korrigiert werden können, daß nach dem Prinzip des Differenzverfahrens gemessene Nettoenergiewerte bei der Fettmast ausgewachsener Tiere eine eindeutige Beurteilungsgrundlage für den Produktionswert der Futterstoffe als Leistungsgröße ergeben. Damit wird es auch möglich, eine einheitliche Futterwerteinheit zu schaffen, ein Problem, das in letzter Zeit weitgehendes Interesse in Europa gefunden hat [(vgl. hierzu P. FUCHS sowie K. NEHRING (12, 43)].

Zu b) Welche Forderungen sind an die Zusammensetzung und Höhe des Grundfutters zu stellen?

KELLNER hat in der Regel seine Grundfutterrationen für die Respirationsversuche mit Ochsen so zusammengestellt, daß sie zu etwa 40–60% aus Wiesenheu, zu 25–40% aus melassierten Schnitzeln oder sonstigen kohlenhydratreichen Futterstoffen und zu 10–20% aus eiweißreichen Kraftfuttermitteln bestanden. Ferner ist generell 40 g Kochsalz zugefüttert worden. Auf eine einwandfreie Beschaffenheit der Futtermittel, insbesondere auch des Wiesenheus, wurde größter Wert gelegt.

Kritisch betrachtet, wird bei Verfütterung guten Wiesenheus diese Rationszusammenstellung voraussichtlich den Bedarf des Tieres hinsichtlich Wirkstoffen und speziellen stofflichen Verbindungen, die für besondere stoffwechselphysiologische Prozesse im Organismus benötigt werden, decken.

Durch den Melassezusatz ist für eine gute Schmackhaftigkeit gesorgt; aber Melasse ist ein Futterstoff von sehr wechselnder Zusammensetzung, wobei insbesondere durch den hohen Gehalt an Stickstoffverbindungen nichteiweißartiger Natur (Betaine usw.) und durch den hohen einseitigen Mineralstoffgehalt die Verhältnisse unübersichtlich werden können.

Dafür sprechen auch die von KELLNER in 3 Versuchen bestimmten, stark schwankenden Nettoenergiewerte der Melasse (s. S. 44). Da jedoch bei quantitativer Fütterung eine gute Schmackhaftigkeit der Ration eine wesentliche Voraussetzung dafür ist, daß die Tiere die Ration vollständig verzehren, ist in Erwägung zu ziehen, ob man nicht in die Grundfutterration statt der Melasse 1–2% karamelisierten Futterzucker aufnimmt.

Im großen und ganzen können wir annehmen, daß die von KELLNER in seinen Versuchen verwendeten Grundfutterrationen „vollwertig" waren, wenn wir auch bei zukünftigen Versuchsplanungen daran denken werden, den Kraftfutteranteil in der Ration als Mischung mehrerer Futtermittel zu reichen. Bemerkenswert ist ferner, daß KELLNER seine Grundfutterrationen auf Trockenfütterung aufbaute, daß er also keine Saftfuttermittel in die Ration aufgenommen hat.

Letzteres hat methodische Gründe, da es schwierig ist, von Saftfutterstoffen und wasserreichen Futterstoffen täglich die gleiche Menge Trockensubstanz zum Verzehr zu bringen, wodurch dann gegebenenfalls das Erreichen eines stabilen Fütterungszustandes während des Versuchs gefährdet wird.

Gewisse Bedenken sind gegen die Verwendung von Wiesenheu in Grundfutterrationen zu erheben, da Wiesenheu ein recht uneinheitliches Material sein kann. Bei Verwendung von Wiesenheu ist größte Sorgfalt darauf zu legen, daß die für eine Versuchsreihe verwendete Menge eine einheitliche Partie darstellt und daß die Partie sehr gut gemischt wird, um an das Tier täglich die gleiche Menge von der gleichen Zusammensetzung füttern zu können.

Auf der anderen Seite trägt ein gutes Wiesenheu jedoch wesentlich zur Vollwertig keit der Ration bei, was keinesfalls übersehen werden darf.

Von MØLLGAARD wird die Verwendung von Wiesenheu in Grundfutterrationen abgelehnt, da er die methodischen Schwierigkeiten für zu groß hält. Er verwendet als Rauhfuttermittel in seinen Rationen gehäckseltes Gerstenstroh, das als Futterstoff gleichmäßiger ist.

Bei zukünftigen Versuchsplanungen wird man von Fall zu Fall erwägen müssen, ob es wirtschaftlich möglich ist, ein weitgehend gleichmäßig zusammengesetztes Heu zu beschaffen. Es ist notwendig, Instituten, in denen Respirationsversuche mit Wiederkäuern durchgeführt werden, gleichmäßige Grünlandflächen zur Verfügung zu stellen, damit einheitliche Partien von Wiesenheu für die Versuche geworben werden können. Neben der Beobachtung des Bestandes ist auf eine gute und gleichmäßige Werbung der Rauhfutterstoffe größter Wert zu legen. Insbesondere ist die künstliche Trocknung von Grünfutterstoffen anzuwenden, um zumindest einen Teil des Rauhfutters den Tieren in der Grundration als hochwertiges künstlich getrocknetes Material verabreichen zu können.

In den KELLNERschen Versuchen ist das Grundfutter so reichlich bemessen, daß das Tier mehrere Tausend kcal pro Tag ansetzt. Demzufolge kann die Zulage nicht sehr hoch gewählt werden, wenn man noch einen quantitativen Verzehr erreichen will. Die Zulage beträgt — auf Trockensubstanz bezogen — bei den KELLNERschen Versuchen im allgemeinen 15—30% der im Grundfutter verzehrten Trockensubstanzmenge. KELLNER hat die Grundfutterrationen so hoch gewählt, um Wechselwirkungen zwischen Erhaltungs- und Produktionsfutter auszuschalten, worauf später noch näher einzugehen ist.

Aus der oben angegebenen Grundgleichung ist ersichtlich, daß sich sämtliche Fehler der N- und C-Bilanz sowohl der Grundfutterperiode als auch der Zulageperiode auf die Nettoenergie der Zulage durch Fehlerfortpflanzung auswirken müssen. Da keine Messung fehlerfrei, die Größenordnung der einzelnen Meßfehler bei gleicher Arbeitsweise jedoch ziemlich konstant ist, wird der prozentuale mittlere Fehler der Nettoenergie der Zulage kleiner, je größer die Ansatzdifferenz zwischen Grundfutter- und Zulageperiode ist. Es gilt daher für zukünftige Versuchsplanungen die Forderung, unter Vermeidung von Wechselwirkungen zwischen Höhe der Ration und Verwertung die Zulage möglichst hoch zu wählen, um den Fehler der gemessenen Nettoenergie klein zu halten (s. S. 45).

Bei der Zusammenstellung von Grundfutterrationen ist ferner zu beachten, daß im Verdauungstraktus des Wiederkäuers eine umfangreiche bakterielle Tätigkeit stattfindet. Die Zusammensetzung der Mikroflora und -fauna im Pansen und im Darmsystem hängt ab von der Art der Ration. Um die Mikroorganismentätigkeit, insbesondere durch einseitig zusammengesetzte Zulagen, nicht zu stark zu beeinflussen, kann es zweckmäßig sein, schon in die Grundration die auf ihren Produktionswert zu prüfende Substanz in geringen Mengen einzubauen. Eine durch eine Zulage stärker veränderte Mikroflora und -fauna wird zwangsläufig eine Veränderung in den Gärungs- und Umsetzungsvorgängen des Grundfutteranteils der Ration bewirken, wodurch sich der Betrag an umsetzbarer Energie des Grundfutters verändert. In diesem Falle ist die Differenzmethode nur noch bedingt anwendbar.

KELLNER hat dieser Frage bei seinen Versuchen in der Regel keine Aufmerksamkeit zugewendet. Aus mehreren Versuchen läßt sich ableiten, daß Änderungen in den Gärungsvorgängen des Grundfutteranteils der Zulageration auftraten. So sind z. B. die täglichen Methanausscheidungen in der Periode mit Erdnußölzulage deutlich geringer als in der dazugehörigen Grundfutterperiode (z. B. Tier F Periode 5, Tier G Periode 5).

Als weiteres Beispiel seien die beiden Grundfutterperioden mit dem Ochsen Y (Perioden 4 und 7) aufgeführt, die zwei Perioden mit Stärke und verzuckerter Stärke als Zulage einschließen. In diesen Grundfutterperioden ist der Quotient zwischen umsetzbarer Energie und Bruttoenergie infolge der einseitigen Zulagen in den Zwischenperioden nicht unwesentlich geändert.

$$\text{(Periode 4: } \frac{\text{umsetzbare Energie} \cdot 100}{\text{Bruttoenergie}} = 56{,}08;$$

$$\text{Periode 7: } \frac{\text{umsetzbare Energie} \cdot 100}{\text{Bruttoenergie}} = 55{,}11)$$

(Über die Auswirkung dieser Änderung auf die ermittelten Ansatzwerte der Zulagen s. S. 61).

Bei den Grundfutterrationen einer Versuchsreihe in den KELLNERschen Versuchen fällt auf, daß in der einzelnen Periode verschiedene Trockensubstanzmengen verfüttert worden sind. Dies erklärt sich daraus, daß die Einzelbestandteile der Rationen nur für eine Periode bzw. teilweise auch nur für Teile einer Periode gleichzeitig abgewogen wurden. Infolge veränderten Trockensubstanzgehaltes der Futtermittel an den verschiedenen Tagen der Abwägung der Rationen ergeben sich in der Regel Veränderungen der Grundfutteranteile in den Zulageperioden, die teilweise nicht unerheblich sind und bis zu 500 kcal pro Tag betragen. Es machen sich bei der Ansatzberechnung Verzehrkorrekturen notwendig, die methodisch vermeidbar sind. Da solche Verzehrkorrekturen mit verhältnismäßig großen Unsicherheiten behaftet sind, ist die Frage bei Versuchsplanungen nicht zu vernachlässigen. Je nach der Art der Futtermittel sind die Wägungen entweder an einem Tag für die gesamte Versuchsfolge durchzuführen, oder aber die Abwägung erfolgt periodenweise entsprechend dem (vorher analytisch bestimmten) Trockensubstanzgehalt. Letzteres ist vorzuziehen, wenn die Gefahr besteht, daß die einzelnen Futtermittel bei der verhältnismäßig dichten Lagerung in Tüten oder sonstigen Behältern verderben können, oder wenn breit angelegte

Versuchsserien geplant sind, bei denen die Abwägung der Versuchsrationen für die gesamte Versuchsfolge an einem Tag technisch Schwierigkeiten bereiten kann. Besondere Aufmerksamkeit ist darauf zu verwenden, daß durch geeignete Lagerungsbedingungen die Futtermittel in ihrer Zusammensetzung weitgehend unverändert bleiben.

Zu c) Bestehen Wechselwirkungen zwischen „Erhaltungs- und Produktionsfutter"?

KELLNER hat zu dieser Frage in seinem Lehrbuch verschiedentlich (18) Stellung genommen. Sehr klar formuliert ist eine handschriftliche Notiz KELLNERs aus seinem Nachlaß, die im folgenden vollständig mitgeteilt werden soll:

Wechselwirkungen zwischen Erhaltungs- und Produktionsfutter.

Man muß annehmen, daß im Erhaltungsfutter zweierlei Momente eine Rolle spielen,

1. die gesamte Wärme, welche aus den zerfallenen Nährstoffen frei wird, eingeschlossen
2. hierin diejenige potentielle Energie, welche zunächst nicht als Wärme auftritt, sondern zu dynamischen Wirkungen (mechanischen Kraftäußerungen des Kau- und Verdauungsapparates, der Muskeln beim Stehen und des Herzmuskels und des gesamten Kreislaufes) dienen.

Bei der Feststellung des letzteren Teiles, welchen ich kurz als „*Kraftbedarf*" bezeichnen will, muß folgendes im Auge behalten werden: Reicht die Kraftzufuhr bei Weizenstrohfütterung z. B. nicht völlig aus, so wird zweifellos Körpersubstanz zugesetzt, um den Ausfall zu decken. Dabei kann die Wärmeerzeugung den Wärmebedarf bedeutend überragen. Der extremste Fall wäre der, wenn man den Tieren eine Substanz reichen, die keine Kraftäußerung hervorbringen, nur Wärme erzeugen könnte und keine Kauarbeit bedingt. Bei reichlicher Zufuhr eines solchen Stoffes müßte die zerfallende Körpersubstanz den minimalen Kraftbedarf repräsentieren. Der Stoffzerfall bei Hunger stellt nicht diesen Bedarf dar, weil hier außer der dynamischen auch noch die thermische Energie erforderlich ist (RUBNER, Rektoratsabhandlung).

Es ist sehr wohl möglich, ja wahrscheinlich, daß bei Ernährung mit Heu und Schnitzeln als Grundfutter in meinen Versuchen das thermische Minimum weit überschritten, das dynamische Minimum aber eben erreicht ist. Umgekehrt könnte, wenn das Erhaltungsfutter aus wenig Rauhfutter und viel leicht verdaulichen Nährstoffen besteht, das dynamische Minimum weit überschritten, das thermische aber noch nicht erreicht sein und Körpersubstanz zersetzt werden, um den Ausfall an thermischer Energie zu decken.

In solchem Falle würde eine Strohzulage einen unverhältnismäßig großen Ansatz hervorrufen, der aber lediglich als Wirkung des durch das Stroh substituierten Kraftfutters aufzufassen wäre.

Was zu dynamischen Lebensäußerungen Anlaß geben kann, muß integrierender Bestandteil der Zellsubstanz geworden sein, daher ist man berechtigt, denjenigen Teil der Energie, welcher als Fleisch und Fett abgelagert wird, als dynamisch werteliefernd zu betrachten.

Man hat also bei der Bestimmung des Produktionswertes einzelner Futterstoffe so zu verfahren, daß das Grundfutter einen Wärmeüberschuß liefert, das dynamische Minimum aber nicht wesentlich überschreitet.
Ist bei meinen Versuchen dieser Forderung Genüge geschehen? Ja, denn sonst müßte die prozentische Verwertung der im Überschuß zugeführten Energie im Grundfutter wesentlich höhere Zahlen geliefert haben."
Die Nurwärme des Grundfutters muß also so groß sein, daß der Wärmebedarf des Tieres zur Aufrechterhaltung der Körpertemperatur und für sonstige Umsetzungen vollständig gedeckt ist. Außerdem müssen alle stofflichen Bedürfnisse des Tieres zur Aufrechterhaltung seiner Lebensfunktionen durch das Grundfutter befriedigt werden, wenn die im Differenzverfahren gemessenen Nettoenergiewerte als allgemeiner Maßstab für den Produktionswert der Zulagen angesehen werden sollen. Diese Bedingungen wollen wir unter dem Begriff der „Vollwertigkeit" der Grundfutterration zusammenfassen, wobei jedoch zu berücksichtigen ist, daß sehr viele verschiedene Faktoren diese Vollwertigkeit beeinflussen können und es nicht immer leicht sein wird, sie zu erreichen. In neuerer Zeit wird u. a. von FORBES (11) und MITCHELL (32) die Auffassung vertreten, daß nur „bilanzierte Rationen" einen maximalen Nutzeffekt, d. h. eine maximale Nettoenergie der Futtermittel ergeben. Diese vollständige Bilanzierung, die auf Grund der Vielfalt der möglichen beeinflussenden Faktoren kaum zu übersehen ist, schließt — mathematisch gesehen — das Differenzverfahren theoretisch als Methode zur Nettoenergiemessung unter optimalen Bedingungen aus: denn entweder ist die Grundfutterration bilanziert, dann wird im allgemeinen die Zulageration nicht mehr vollständig bilanziert sein, oder umgekehrt. Biologisch gesehen ist diese Formulierung zu kraß, da wir im allgemeinen nicht Wirkungsspitzen, sondern Wirkungsbereiche beobachten können.
Immerhin wird man schon bei der Zusammenstellung der Grundfutterrationen an die Zulage denken müssen, deren Produktionswert gemessen werden soll, damit man möglichst bilanzierte Rationen beibehält, also die Messung unter möglichst optimalen Bedingungen vornimmt. Es erscheint dabei zweckmäßig, die Grundfutterrationen für die Untersuchung der einzelnen Futterstoffe von größeren Futtermittelgruppen (z. B. Wiesenheu, Leguminosenheu, Stroh, Knollenfrüchte usw.) weitgehend zu standardisieren, wobei sich die Zusammensetzung der verschiedenen standardisierten Grundfutterrationen nach der Art der Zusammensetzung der zu prüfenden Zulage richtet.
Unter diesen Vorsichtsmaßregeln dürfte es möglich sein, reproduzierbare Nettoenergiemessungen durchzuführen.
Mit am schwierigsten ist die Messung der Verwertung von reinen Nährstoffen. Einmal wird durch einseitige Zulage der reinen Nährstoffe das Verdauungsvermögen des Tieres beeinflußt (im allgemeinen treten bei verschiedenen Nährstoffgruppen des Grundfutters Verdauungsdepressionen auf, die nicht zu vernachlässigen sind), zum anderen werden die Gärungserscheinungen beeinflußt. Damit verändert sich zwangsläufig der Betrag an umsetzbarer Energie des Grundfutteranteils, eine Veränderung, die nur abgeschätzt werden kann. Die auf

Grund solcher Schätzungen durchgeführten Korrekturen der gemessenen Nettoenergiewerte sind naturgemäß mit großen Unsicherheiten behaftet.
In fast allen KELLNERschen Versuchen mit reinen Nährstoffen läßt sich eine Beeinflussung des Grundfutters durch die Zulage nachweisen. Die resultierenden Nettoenergiewerte bzw. Verwertungskoeffizienten sind zwar als Teilwirkung der Zulage real, gelten jedoch streng genommen nur für den einzelnen Versuch mit seinen speziellen Bedingungen. Führt man entsprechende Parallelversuche durch, so ist bei den Versuchen mit reinen Nährstoffen zu erwarten, daß die Standardabweichungen der einzelnen Messung hoch liegen werden. Aus den diesbezüglichen KELLNERschen Versuchen errechnen sich für den Ansatz pro 100 g verdaulicher organischer Substanz unter Berücksichtigung der Korrekturen für Lebendgewichtsänderungen, Futterverzehr und Depressionswirkungen folgende Werte:

Reiner Nährstoff	Anzahl der Versuche	Mittlerer Ansatz je 100 g verdaulicher organischer Substanz kcal	Standardabweichung der Einzelmessung %
Stärke	9	234,6	15,0
Zucker	2	173,5	19,5
Klebermehl	4	218,0	19,1
Erdnußöl	3	642,9	19,5
Strohstoff	2	239,1	11,5

Um die resultierenden Mittelwerte dieser Grundzahlen weiter zu sichern, erscheint es daher als vordringlich, unter möglichster Vermeidung von Wechselwirkungen zwischen Grundfutter und Zulage des reinen Nährstoffes breit angelegte Parallelversuche durchzuführen.
Auch bei einigen weiteren Versuchen KELLNERs mit einseitig zusammengesetzten Zulagen ergeben sich Beeinflussungen des Grundfutters durch die Zulage.
Von AXELSSON (2,3) wurde aus KELLNERschen Versuchen abgeleitet, daß der Verwertungskoeffizient der umsetzbaren Energie vom Rohfasergehalt der Ration abhängig ist. Optimale Verwertung der umsetzbaren Energie soll bei einem Rohfasergehalt von 18–23% vorliegen. Er folgert daraus, daß die Grundlage der auf Nettoenergiebasis aufgebauten Futterbewertungssysteme unhaltbar ist. Eine entsprechende Auswertung einer wesentlich größeren Anzahl KELLNERscher Versuche (138 Perioden mit Ochsen, wovon die 2 Perioden mit Strohstoffzulage ausgeschaltet worden sind) ergibt, daß keine gesicherte Korrelation zwischen dem Verwertungskoeffizienten der Ration und dem prozentualen Rohfasergehalt der Ration besteht. Als Korrelationskoeffizient errechnet sich

$r = -0{,}27$, wobei die Regressionsgerade die Gleichung
$y = -0{,}85x + 69{,}4$ (y = Verwertungskoeffizient
x = % Rohfaser in der Trockensubstanz)

annehmen würde.

AXELSSON hat bei seiner Auswertung der KELLNERschen Versuche Klassen von je 3 zu 3% Rohfaser zusammengefaßt und daraus das Rohfaseroptimum abgeleitet. Diese Klassengrenzen erscheinen als zu breit gezogen. Eine Einteilung in Klassen zu je 1% Rohfaserzunahme ergibt folgende Tabelle:

% Rohfaser	15	15—16	16—17	17—18	18—19	19—20	21—21	21—22
Zahl der Versuche	1	5	15	15	15	27	14	10
mittlerer Rohfasergehalt	14,8	15,6	16,5	17,6	18,5	19,4	20,4	21,4
mittlerer Ansatzkoeffizient	61,8	47,0	53,9	51,3	56,9	57,0	47,2	48,8
f_m		5,6	7,3	10,7	8,5	10,0	9,0	14,4
F_m		2,5	1,9	2,8	2,2	1,9	2,4	4,5

% Rohfaser	22—23	23—24	24—25	25—26	26—27	27—28	28—29	29—30	30—31
Zahl der Versuche	9	8	1	5	—	5	1	—	3
mittlerer Rohfasergehalt %	22,4	23,5	24,5	25,6	—	27,6	28,5	—	30,6
mittlerer Ansatzkoeffizient	60,2	47,0	40,7	46,8	—	43,7	38,5	—	41,0
f_m	4,0	15,0	—	7,3	—	8,0	—	—	10,1
F_m	1,3	5,3	—	3,3	—	3,6	—	—	5,8

Faßt man die Klassenmittel als Einzelwerte auf — ein Verfahren, das keineswegs korrekt erscheint —, so läßt sich trotzdem aus diesem Material kein Verwertungsoptimum ableiten, sondern die Werte werden am besten durch eine Regressionsgerade der Form

$y = -1{,}06x + 72{,}6$, wobei der Korrelationskoeffizient $r = -0{,}72$ beträgt, wiedergegeben (vgl. Abbildung).

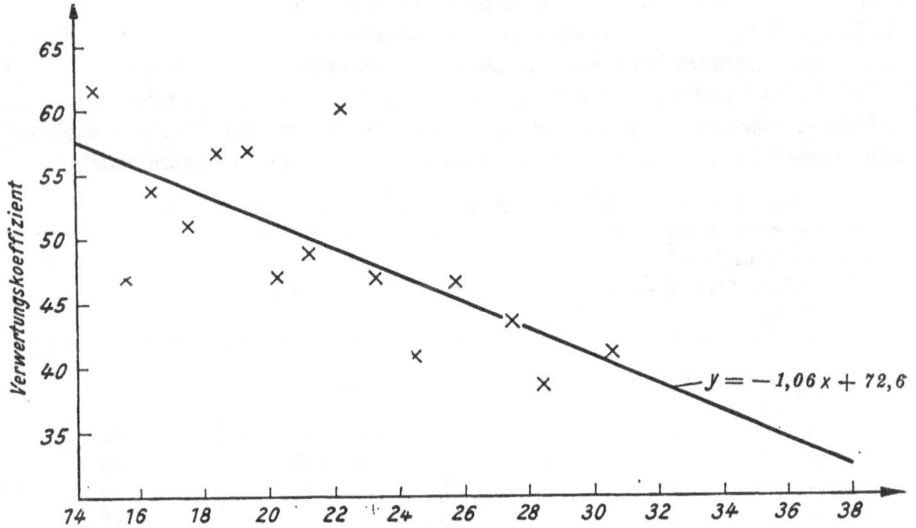

Ähnliches gilt ebenfalls für das von AXELSSON abgeleitete Verwertungsoptimum beim Proteingehalt der Ration, wobei allerdings besonders zu beachten ist, daß zu extreme Bedingungen naturgemäß die Verwertungskoeffizienten beeinflussen werden, da dann die Voraussetzung der Bestimmung des Produktionswertes unter möglichst optimalen Bedingungen nicht mehr gegeben ist.
Gegen die Berechnungsmethodik solcher Abhängigkeiten sind Einwände zu erheben, da der nicht experimentell bestimmte Erhaltungsbedarf des Versuchstieres von der umsetzbaren Energie der Ration abgezogen werden muß, um den Ansatzkoeffizienten zu berechnen, und damit also eine Unsicherheit von 1000 bis 2000 kcal bei der für produktive Zwecke zur Verfügung stehenden umsetzbaren Energie in die Rechnung hereingetragen wird. Abgesehen davon lassen sich nach Auswertung des gesamten KELLNERschen Materials die Schlußfolgerungen AXELSSONs nicht mehr aufrecht erhalten, so daß aus diesen Erwägungen keine Veranlassung besteht, die Differenzmethode als Meßprinzip für die Produktionswertbestimmung von Futterstoffen bzw. die Nettoenergie als Bewertungsgrundlage für die Futterstoffe aufzugeben.
Es soll hier jedoch hervorgehoben werden, daß AXELSSON die großen Unsicherheiten der bisher gemessenen Nettoenergiewerte klar erkannte. Weiterhin hat er darauf hingewiesen, daß die Basis, von der KELLNER bei dem Aufbau seiner Stärkewertlehre ausgegangen ist, verhältnismäßig schmal war, eine Tatsache, an der wir nicht vorbeisehen dürfen. Weiterhin lenken die AXELSSONschen Theorien die Aufmerksamkeit auf die Bedeutung von vollwertigen bzw. gut bilanzierten Rationen, worauf oben schon hingewiesen wurde. (Es wird später noch verschiedentlich auf die von AXELSSON durchgeführten Berechnungen und Theorien zurückzukommen sein.)
Bei der Fettmast der Ochsen wird — energetisch gesehen — die Hauptmenge der Ansatzenergie in Form von Fett abgelagert. Dagegen ist jedoch bei fast allen KELLNERschen Respirationsversuchen ein Proteinansatz vorhanden, dessen Größe nicht unbeträchtlichen Schwankungen unterliegt. Berechnet man bei den KELLNERschen Respirationsversuchen mit Ochsen den prozentualen Anteil des kalorischen Ansatzes, der auf den Zuwachs (bzw. bei einigen Perioden auch auf den Zuschuß) von Protein entfällt, so ergibt sich folgende Zusammenstellung.

Proteinansatz in KELLNERs Respirationsversuchen mit Ochsen

Proteinansatz in % des Gesamtansatzes (kcal)	Zahl der Versuche	kcal Proteinansatz	Zahl der Versuche
negativ	2	negativ	2
0— 5	12	0 —200	8
5—10	56	200—400	26
10—15	42	400—600	38
15—20	21	600—800	43
über 20	5	800—1000	16
		über 1000	5

Bei etwa 50% der durchgeführten Versuche beträgt also der Proteinansatz mehr als 10% des Gesamtansatzes. In Kalorien berechnet liegt bei knapp der Hälfteder Versuche der Proteinansatz höher als 600 kcal entsprechend mehr als 17 g N-Ansatz.
Die Grenzwerte des Proteinansatzes liegen zwischen −185 und 1249 kcal. Es ergibt sich zunächst die Frage, ob die Höhe des Proteinansatzes von der zugeführten Menge an verdaulichem Protein abhängig ist. Eine entsprechende Auswertung der KELLNERschen Versuche läßt keine gesicherte Beziehung erkennen, sofern nicht extreme Bedingungen vorliegen.
Die gesamten KELLNERschen Versuche sind bisher derart ausgewertet worden, daß die kalorische Ansatzdifferenz zwischen Grundfutterperiode und Zulageperiode als Nettoenergie (Fett) der gereichten Zulage berechnet worden ist. Dieses Verfahren ist — worauf schon AXELSSON hinwies (2) — nicht korrekt, da zwischen Grundfutter- und Zulageperiode Unterschiede im Proteinansatz bestehen. Nach den heutigen Auffassungen über die Verwertungsverluste bei der Fett- bzw. Proteinsynthese im tierischen Organismus für die Bildung von Körperfett bzw. Körperprotein ist nicht damit zu rechnen, daß diese Verluste den gleichen Prozentsatz der umsetzbaren Energie ausmachen. Es sind demzufolge die gemessenen Nettoenergiewerte — ausgedrückt in Nettokalorien (Fett), nach MØLLGAARD NK_F-Werte — mit einer gewissen Unsicherheit behaftet, die von der Größe der Proteinansatzdifferenz abhängt. Um ein Bild von der Größenordnung dieser Unsicherheiten zu gewinnen, soll als Beispiel ein Versuchstier mit niedrigen, mittleren und hohen Proteinansatzdifferenzen ausgewählt und folgende Rechnung vorgenommen werden:

Ochse K	Proteinansatz kcal	Ansatz kcal	Proteinansatzdifferenz kcal	Ansatzdifferenz kcal	Proteinansatzdifferenz in % der Ansatzdifferenz
Periode 4 GF *)	167	2262			
Periode 7 GF + Stärke	400	5158	233	2896	8,0
Periode 1 GF + Grasheu	775	5419	608	3157	19,3
Periode 6 GF + Kartoffelpülpe	1065	5382	898	3120	28,9

*) GF = Grundfutter

Unter der Annahme, daß 1000 kcal Proteinansatz 400 kcal Fettansatz entsprechen, ist die Ansatzdifferenz der

Periode 7 mit 140 kcal = 4,8%
„ 1 „ 364 „ = 11,6%
„ 6 „ 538 „ = 17,2%

zu korrigieren, eine nicht zu vernachlässigende Größenordnung.
Es sind folglich alle Differenzversuche, bei denen eine hohe Proteinansatzdifferenz gefunden wurde, nur bedingt als Maßstab des Produktionswertes der Zulage zu werten, sofern wir als Produktionswert eines Futterstoffes sein Leistungsvermögen

bei der Fettproduktion des ausgewachsenen Rindes unter optimalen Bedingungen verstehen (NK_F-Begriff nach MØLLGAARD). (In weiteren Einzelheiten vgl. die entsprechende Auswertung der KELLNERschen Respirationsversuche auf S. 48ff.)

Die bisherigen Betrachtungen zur Frage, ob Wechselwirkungen – wie es KELLNER ausdrückt – zwischen „Erhaltungs- und Produktionsfutter" bestehen bzw. ob die Zulage die Grundfutterration beeinflußt, wurden aus den Ergebnissen der Meßgrößen der KELLNERschen Respirationsversuche abgeleitet. Es liegt in der Natur der Methodik der Respirationsversuche, daß ein einzelner Versuch nur die summarische Verteilung der Energie nach den Gleichungen

Bruttoenergie = umsetzbare Energie + chemische Energie der verschiedenen Ausscheidungsprodukte und
umsetzbare Energie = Nettoenergie + thermische Energie

wiedergibt.

Diese Gleichungen, auf die Differenzmethode angewendet, ergeben die summarische Verteilung der Energie der Zulage oder als Ergebnis die energetische Teilwirkung der Zulage. Über die im einzelnen abgelaufenen Reaktionen im Organismus können wir nach der methodischen Anlage solcher Respirationsversuche keinerlei Aussagen machen.

Nach den heutigen Kenntnissen über den intermediären Stoffwechsel ist anzunehmen, daß – stofflich gesehen – die gemessene Leistungsgröße der Zulage, nämlich das vom Körper angesetzte Fett, keineswegs vollständig aus der Zulage zu stammen braucht, da im Organismus ständig Aufbau-, Umbau- und Abbauprozesse verlaufen, die im einzelnen nicht übersehen werden können. Demzufolge gibt es, stofflich gesehen, auch keine Trennung zwischen Erhaltungs- und Produktionsfutter. Wenn die Begriffe von KELLNER eingeführt worden sind, so bleiben sie – ihrer Art nach – als brauchbare Arbeitshypothese gerechtfertigt, weil man methodisch nur die Gesamtwirkung mißt, wobei es für die Messung gleichgültig ist, woher die stofflichen Einzelbestandteile in den einzelnen Meßgrößen stammen.

Zusammenfassend ergibt sich aus den KELLNERschen Versuchen, daß Wechselwirkungen zwischen Grundfutterration und Zulage auftreten. Für weitere Versuchsplanungen ist diesem Umstand soweit als möglich zu begegnen, indem möglichst vollwertige und bilanzierte Rationen gereicht werden, bei der Zusammenstellung der Grundfutterrationen auf die Art der Zulage zu achten ist und die Grundfutterration so eingestellt sein muß, daß bei schwach positivem Ansatz von Protein und Fett der Bedarf des Tieres an Nurwärme durch das Grundfutter gedeckt ist. Diese Deckung der Nurwärme ist zweckmäßig durch einen entsprechend hohen Anteil an Rauhfutterstoffen in der Grundration vorzunehmen.

Nur so steht zu erwarten, daß die Messung der Teilwirkung der Zulage in Form von Fettnettokalorien zu reproduzierbaren Ergebnissen führt, die sich im Rahmen einer Futtermittelbewertung verallgemeinern lassen.

Zu d): Ist mit gesicherten individuellen Einflüssen und mit stärkeren Umwelteinflüssen auf die Meßgröße Nettokalorien (Fett) zu rechnen? (Vorausgesetzt wird dabei eine einwandfreie Versuchsmethodik.)

Eine Betrachtung der von KELLNER durchgeführten Respirationsversuche ergibt zunächst, daß der Erhaltungsbedarf verschiedener Tiere — bezogen auf gleiches Körpergewicht bzw. auf gleiche Beträge einer Funktion des Körpergewichtes (Oberfläche) — individuellen Schwankungen unterliegt, über die später ausführlich zu berichten sein wird. Bei Respirationsversuchen mit Ochsen nach dem Differenzverfahren eliminieren sich diese Unterschiede weitgehend, falls der Erhaltungsbedarf des jeweiligen Versuchstieres während der Versuchszeit pro Gewichtseinheit (bzw. einer Funktion derselben) annähernd konstant bleibt. Ob eine solche Konstanz vorhanden war, kann im Rahmen der Meßfehler solcher Versuche dadurch geprüft werden, daß die Zulageperiode(n) in zwei gleiche Grundfutterperioden eingeschlossen wird (werden).

Aus den KELLNERschen Respirationsversuchen mit Ochsen lassen sich gesicherte Veränderungen des Erhaltungsbedarfs der einzelnen Versuchstiere bei längerer Versuchsdauer (6—8 Monate) nicht erkennen.

Es soll jedoch darauf hingewiesen werden, daß man aus neueren Versuchen ableitet, daß die Verwertungsgröße von Rationen jahreszeitlichen Schwankungen unterliegt. So berichtet z. B. A. W. MODJANOW (33) aus vergleichenden Untersuchungen über den Energiestoffwechsel und den Stickstoffumsatz verschiedener Schafrassen: „Die im Oktober/November festgestellten Rassenunterschiede im Stoffwechsel erwiesen sich als unveränderlich im Verlauf der ganzen Zeit der Stallhaltung. Da jedoch die Umweltverhältnisse, unter deren Einwirkung die erwähnten Rassenunterschiede bezüglich des Stoffwechsels im Organismus entstanden sind, im Laufe des Jahres einer Veränderung unterliegen, so beobachten wir dementsprechend einen jahreszeitlichen Rhythmus in der Lebenstätigkeit und im Stoffwechsel des Tieres. Bei den verschiedenen Schafrassen, die unter verschiedenen ökologischen Verhältnissen entstanden sind, können die jahreszeitlichen Veränderungen im Stoffwechsel verschieden sein."

In diesem Zusammenhang ist ferner eine Arbeit von A. HANSSON (14) bemerkenswert, der aus Aufzuchtintensitätsversuchen mit Rindern (Versuchsmaterial eineiige Zwillinge) unter anderem zu dem Schluß kommt, daß die Futterausnutzung vom Fütterungsniveau abhängig sein muß.

Weitgehend ungeklärt ist fernerhin die Frage, ob das Alter der Tiere einen Einfluß auf die Verwertung der umsetzbaren Energie ausübt.

Stellen wir fest, daß die Umwelteinflüsse den Stoffwechsel der Tiere wesentlich beeinflussen können, so spricht jedoch diese Feststellung nicht unbedingt dafür, daß die Produktionswertbestimmung nach dem Differenzverfahren aufgegeben werden muß, sofern nämlich infolge dieser Einflüsse nur der Grundstoffwechsel Veränderungen unterliegt.

Definieren wir den Erhaltungsstoffwechsel als den Stoffwechsel des Tieres, bei dem das Tier keine Produktion leistet, so werden sich diese Veränderungen bei Differenzversuchen weitgehend eliminieren, falls man die Versuchszeiten nicht zu lange ausdehnt und während dieser Zeit die Umweltbedingungen möglichst konstant hält. Diese Konstanz ist bei Nettoenergiemessungen nach der Differenzmethode auf möglichst optimale Bedingungen einzustellen. Hierauf ist bei Versuchsplanungen unbedingt zu achten. Eine dieser Bedingungen kann bei der Methodik des Differenzversuches allerdings nicht eingehalten werden, nämlich die Konstanz des Fütterungsniveaus. Auf diese Frage werden wir später bei der Besprechung der Methodik des Ersatzversuches eingehen. Aus den Kenntnissen über den Energiestoffwechsel verschiedener Tierarten ergibt sich, daß an einer Tierart A gemessene Nettoenergiewerte von Futterstoffen nicht übertragbar sind auf eine andere Tierart B. Ferner ist damit zu rechnen, daß die Verwertung der umsetzbaren Energie bei der gleichen Tierart rassenbedingte Unterschiede aufweisen kann. Weiterhin ist eine Übertragung von Nettoenergiemessungen einer Produktionsart auf eine andere nicht ohne weiteres zulässig. KELLNER hat dieses Problem nicht angeschnitten.

Die folgenden Ausführungen sollen sich daher auf die Betrachtung der Messung des Produktionswertes von Futterstoffen bei der Fettmast ausgewachsener Ochsen beschränken, wie sie von KELLNER durchgeführt worden ist.

KELLNER hat im allgemeinen Ochsen „gleichen Schlages“ zu seinen Untersuchungen herangezogen, so daß Rassenunterschiede nicht zu erwarten sind. Dennoch scheinen einige Versuchsresultate darauf hinzuweisen, daß individuelle Unterschiede in der Verwertung einiger Zulagerationen bestehen. Im großen und ganzen ist das KELLNERsche Material für eine solche Betrachtung nicht besonders geeignet, da die Anzahl von Paralleluntersuchungen bei den meisten Futterstoffen zu klein ist. Häufig sind die Untersuchungen sogar nur mit einem Tier durchgeführt worden.

Als Beispiele für einen gesicherten individuellen Unterschied in der Verwertung der umsetzbaren Energie zum Fettansatz sollen folgende etwa parallel durchgeführte Differenzversuche genannt werden:

1. Stärkezulage bei den Tieren K und J (Per. K 7 u. J 3)
2. Malzkeimezulage „ „ „ M „ N (Per. M 1 u. N 1)
3. Wiesenheuzulage „ „ „ H „ J (Per. H 2 u. 7 u. J 2)

Aus den später noch zu erörternden fehlerkritischen Betrachtungen ergeben sich für diese Versuche folgende Ansatzwerte pro 100 g verdaulicher organischer Substanz mit ihren Fehlern:

Tier	Periode	Zulage	Ansatz je 100 g verdaulicher organischer Substanz der Zulage kcal	Ansatzdifferenz/ mittlerer Fehler der Differenz	Ansatz in % der umsetzbaren Energie
J	3	Stärke	187,1 ± 53,5	2,8	52,3
K	7	Stärke	302,6 ± 25,7		78,2
M	1	Malzkeime	148,8 ± 27,1	4,0	37,7
N	1	Malzkeime	247,0 ± 21,6		64,8
H	2	Wiesenheu	194,1 ± 18,2 }	3,5	51,0
H	7	Wiesenheu	204,6 ± 18,2 }		49,0
J	2	Wiesenheu	131,2 ± 21,1		35,8

Der mittlere Fehler der Differenz ist mehrfach in der Ansatzdifferenz enthalten. Demnach ergeben sich aus diesen Versuchen individuelle Unterschiede im Verwertungsvermögen der entsprechenden Paralleltiere. Eine eindeutige Klärung dieser Fragen können jedoch nur systematische, *breit angelegte Parallelversuche* bringen. Das KELLNERsche Respirationsmaterial erscheint, in dieser Richtung betrachtet, als zu klein, um die Frage nach dem Umfang individueller Einflüsse auf die Verwertungsgröße von Futterstoffen richtig abschätzen zu können.
Immerhin wird man bei zukünftigen Versuchsplanungen damit rechnen müssen, daß Meßergebnisse von Nettoenergiewerten individuell beeinflußt werden können. Schon aus diesem Grunde erscheint es unbedingt erforderlich, zukünftige Versuche mit einer größeren Zahl von Tieren durchzuführen, wenn man allgemeingültige Ergebnisse erzielen will.
Bei weiteren Versuchsplanungen ist ferner darauf zu achten, daß die Versuchstiere, die zu Parallelversuchen aufgestellt werden, genetisch möglichst einheitlich gewählt werden, daß sie während der Aufzucht gleichen Umwelteinflüssen ausgesetzt worden sind und sich charakteristisch für den zu untersuchenden Typ entwickelt haben. Bevor die Tiere zu eigentlichen Versuchen herangezogen werden, sind sie gut an die Versuchsbedingungen zu gewöhnen. Die Umwelteinflüsse sind während der Dauer der Versuche konstant und möglichst optimal einzustellen. Nur unter Beachtung dieser Forderungen wird zu erwarten sein, daß zu messende Nettoenergiewerte reproduzierbar und für die verwendete Tierart (bzw. -rasse) eindeutig sind.
Neben der Bearbeitung und Kllärung der Grundlagenprobleme an einem Typ wird es eine der Hauptaufgaben bei der Durchführung von Respirationsversuchen sein, in Zusammenarbeit mit der Tierzucht das Verwertungsvermögen verschiedener Rassen und einzelner Tiere zu untersuchen, um gegebenenfalls „futterdankbare Typen“ selektieren zu können. Zur Klärung spezieller Fragen über den Einfluß verschiedener Umweltbedingungen auf das Verwertungsvermögen der Tiere ist bei der Wahl der Versuchstiere möglichst auf eineiige Zwillinge zurückzugreifen.
Zu e): Mit welcher Genauigkeit sind die von KELLNER ermittelten Werte zu belegen?
Bei der Besprechung des Einzelversuchs wurde auf verschiedene Fehlerquellen hingewiesen, die nun im einzelnen untersucht werden sollen. Um einen Überblick zu erhalten, mit welcher Unsicherheit die einzelne Messung der Nettoenergie behaftet ist, sind wir auf einige Annahmen angewiesen, da die Einzelversuche infolge der nicht bestimmten Sauerstoffbilanz nicht über das Energieerhaltungsgesetz kontrolliert werden können. Meßgröße ist die Ansatzenergie, die aus der N- und C-Bilanz berechnet wird. Alle Meßfehler bei der N- und C-Bestimmung, sowohl in den Einnahmen als auch in den auf den verschiedenen Wegen (Kot, Harn, Respiration) erfolgenden Ausgaben des Tieres, werden durch Fehlerfortpflanzung die Unsicherheit der Ansatzenergie ausmachen. Die folgende Rechnung wird auf die C-Bilanz vereinfacht, da der kalorische Ansatz pro g Kohlenstoff ziemlich gleich ist, ob der Kohlenstoff in Form von Fett oder von Protein ab-

gelagert wird (1 g C in Form von Körperfett $\sim$ 12,4 kcal; 1 g C in Form von Körperprotein $\sim$ 10,8 kcal). Bei einer maximalen Unsicherheit in der N-Bilanzbestimmung von 10 g N entsprechend etwa 60 g Protein bzw. etwa 30 g C würde der kalorische Ansatz um ca. 50 kcal differieren, je nachdem, ob der Kohlenstoff in Form von Fett oder in Form von Protein abgelagert worden ist. Diesen Un sicherheitsbetrag kann man vernachlässigen, da die sonstigen Unsicherheiten — wie gezeigt werden wird — wesentlich größer sind.

Wird der mittlere Fehler der Kohlenstoffmessung — gemessen in g Kohlenstoff — einer Respirationsperiode

bei den Einnahmen	mit a
bei den Ausgaben durch Kot	mit b
bei den Ausgaben durch Harn	mit c
und bei den gasförmigen Ausscheidungen	mit d

bezeichnet, so läßt sich die kalorische Unsicherheit der Ansatzmessung (x) nach dem Fehlerfortpflanzungsgesetz folgendermaßen definieren:

$$x = \pm \sqrt{a^2 + b^2 + c^2 + d^2} \cdot 12{,}41 \text{ kcal}$$

Es handelt sich also zunächst um die Ermittlung der Größen a bis d.
Hierbei ist folgermaßen verfahren worden:

1. Der mittlere Fehler bei der Messung der C-Einnahmen (a) wurde konstant zu 0,25% der gesamten C-Einnahmen geschätzt. Hierunter fallen durch Fehlerfortpflanzung die analytischen Bestimmungsfehler, die Wägefehler der Rationen, die Probenahmefehler sowie die Verzehrfehler.
2. KELLNER hat in seinen Versuchen täglich die vom Tier ausgeschiedene Kottrockensubstanzmenge bestimmt. Die C-Bestimmung im Kot wurde an der Sammelprobe der gesamten Periode durchgeführt. Wir können annehmen, daß die täglich ausgeschiedene Kottrockensubstanzmenge mit der täglichen C-Ausscheidung durch den Kot parallel geht. Da die Kotausscheidungen periodischer Natur sind, wurde jeweils aus 3 Tagesausscheidungen der Mittelwert gebildet, und diese Werte wurden für die Berechnung der Unsicherheit der Kotmenge pro Respirationsperiode als Einzelmeßwert aufgefaßt. Bei einer Periodendauer von in der Regel 12—15 Tagen ergeben sich dann 4—5 Werte, von denen der mittlere Fehler des Mittelwertes errechnet wurde. Der gleiche mittlere Fehler wurde für die im Kot ausgeschiedene C-Menge angenommen und als b in Rechnung gesetzt. Um zu prüfen, ob diese Annahmen größenordnungsmäßig richtig sind, wurden die durchschnittlich ausgeschiedenen Tageskotmengen aus der ersten Hälfte sowie aus der zweiten Hälfte der Respirationsperiode berechnet. Die prozentuale Differenz der Kotausscheidungen — berechnet durch Periodenteilung — ist im Mittel von 24 durchgerechneten Versuchen (Tiere U—X) etwa doppelt so groß (Verhältnis 61,3 : 29,5) wie der nach oben angegebenem Verfahren berechnete mittlere

prozentuale Fehler des Mittelwertes der Tageskotausscheidungen resp. der täglichen C-Ausscheidungen durch den Kot. Dies spricht dafür, daß die Größenordnung dieser Fehler richtig bestimmt worden ist.

3. Der mittlere Fehler der C-Ausscheidungen durch den Harn (c) wurde so ermittelt, daß der mittlere Fehler des Mittelwertes aus den in der Regel an 4–6 Tagen der Periode direkt bestimmten C-Gehalten des ausgeschiedenen Harns errechnet wurde.
4. Der Wert für d ergab sich durch Berechnung des mittleren Fehlers des Mittelwertes der im allgemeinen an 3–5 Tagen (s. S. 19) gemessenen gasförmigen C-Ausscheidungen des Tieres.

Wenn man die gesamten von KELLNER durchgeführten Respirationsversuche nach diesem Verfahren durchrechnet, so ergibt sich eine Unsicherheit der C-Bestimmung (Angaben in % der jeweiligen C-Einnahmen):

von	0,30–0,40%	bei 14	Versuchen	= 10%	der durchgeführten Versuche
,,	0,41–0,50%	,, 48	,,	= 35%	,, ,, ,,
,,	0,51–0,60%	,, 25	,,	= 18%	,, ,, ,,
,,	0,61–0,70%	,, 28	,,	= 20%	,, ,, ,,
,,	0,71–0,80%	,, 10	,,	= 7%	,, ,, ,,
,,	0,81–0,90%	,, 6	,,	= 4%	,, ,, ,,
,,	0,91–1,00%	,, 1	,,	= 1%	,, ,, ,,
,,	über 1,00 %	,, 6	,,	= 4%	,, ,, ,,

Wie ersichtlich, ist die mittlere Unsicherheit in der C-Bilanz bei 90% der Versuche kleiner als 0,8% der Gesamt-C-Einnahmen der jeweiligen Periode. Im folgenden seien noch die Fehlergrößen der einzelnen Komponenten a–d zusammengestellt. Als Fehler der Einnahmen waren 0,25% der Gesamt-C-Einnahmen angenommen worden. In Prozent der Gesamt-C-Einnahmen ergibt sich für die C-Unsicherheiten in den Kotausscheidungen (b), den Harnausscheidungen (c) und den respiratorischen C-Ausscheidungen (CO_2 und CH_4) (d) folgende Fehlerverteilung:

% Fehler:	Anzahl der Versuche			Zahl der Versuche in %		
	b (Kot)	c (Harn)	d (Gas)	b (Kot)	c (Harn)	d (Gas)
0 –0,10	3	112	14	2	81	10
0,11–0,20	20	24	39	14	17	28
0,21–0,30	27	2	48	20	2	35
0,31–0,40	33	—	22	24	—	16
0,41–0,50	20	—	8	14	—	6
0,51–0,60	11	—	2	8	—	1
0,61–0,70	15	—	3	11	—	2
0,71–0,80	3	—	1	2	—	1
0,81–0,90	2	—	—	2	—	—
über 0,91	4	—	1	3	—	1

Diese Zusammenstellung zeigt, daß die Unsicherheit in den Harn-C-Werten zu über 80% unter 0,1% der Gesamt-C-Einnahmen liegt, zum Gesamtfehler also kaum beiträgt. Dies ist dadurch begründet, daß die durch den Harn zur Ausscheidung gelangenden C-Mengen bei gemischten Rationen im Verhältnis zu den Gesamteinnahmen des Tieres gering sind. Daraus ergibt sich, daß es völlig ausreichend ist, die C-Bestimmung im Harn nicht täglich, sondern lediglich in der Sammelprobe der Respirationsperiode zu bestimmen.

Bei den respiratorischen Ausscheidungen liegt die Unsicherheit der Bestimmung in den meisten Versuchen zwischen 0,1 und 0,4% der Gesamt-C-Einnahmen, also in etwa der Größenordnung, die für die Einnahmen an Kohlenstoff angenommen worden ist. Daraus ist zu folgern, daß die von KELLNER erreichte Genauigkeit in der Ermittlung der gasförmigen C-Ausscheidungen der einzelnen Respirationstage ausreicht. Allerdings können systematische Fehler bei diesem Berechnungsverfahren nicht erfaßt werden (z. B. regelmäßige Beunruhigung des Tieres während der Respirationstage). Schon aus diesem Grund würde eine Kontrolle der Ergebnisse durch Erfassung der Sauerstoffbilanz wünschenswert erscheinen. Durch Vermehrung der Zahl der Respirationstage kann die Unsicherheit in der Ermittlung der gasförmigen C-Ausscheidungen noch weiter vermindert werden.

Kritischer zu betrachten sind bei den KELLNERschen Versuchen die Unsicherheiten in den Kot-C-Ausscheidungen. Bei 40% der Versuche ist die Unsicherheit größer als 0,4% der Gesamt-C-Einnahmen. Dies ist darauf zurückzuführen, daß bei einer Reihe der KELLNERschen Versuche die Vorfütterungszeit zu kurz gewählt worden ist, daß sich das Tier also noch nicht völlig mit der entsprechenden Versuchsration ins Gleichgewicht gesetzt hat.

Bei entsprechend längeren Vorfütterungsperioden dürfte es möglich sein, diese Unsicherheiten weitgehend zu vermindern und damit den Gesamtfehler zu drücken.

Insgesamt gesehen, beträgt die mittlere Unsicherheit der C-Bilanz bei etwa 60% der KELLNERschen Respirationsperioden weniger als 0,6% der Gesamt-C-Einnahmen. Eine wesentlich größere Genauigkeit als 0,6% dürfte auch bei sorgfältigster Versuchsplanung und Versuchsdurchführung kaum zu erreichen sein.

Auf die Frage, wie stark sich diese Unsicherheiten in der C-Bilanz auf die eigentliche Meßgröße, nämlich den kalorischen Ansatz auswirken, gibt die folgende Zusammenstellung Auskunft, in der die Verteilung der Einzelversuche nach der prozentualen Unsicherheit des kalorischen Ansatzes dargestellt ist.

Fehler des kalorischen Ansatzes in %	Anzahl der Versuche	Anzahl der Versuche in %
0—2,5	—	—
2,6—5,0	51	37
5,1—7,5	47	35
7,6—10,0	22	16
10,1—12,5	9	6
12,6—15,0	9	6

Nur bei 37% der Versuche ist die Unsicherheit des kalorischen Ansatzes geringer als 5%. Da zu erwarten steht, daß bei kleinen Ansatzwerten die prozentuale Unsicherheit groß ist, sei die obige Tabelle in Grundfutter- und Zulageperioden aufgeteilt:

Fehler des kalorischen Ansatzes in %	a) Zulageperioden		b) Grundfutterperioden	
	Anzahl der Versuche	Anzahl der Versuche in %	Anzahl der Versuche	Anzahl der Versuche in %
0—2,5	—	—	—	—
2,6—5,0	44	44	7	18
5,1—7,5	33	33	14	37
7,6—10,0	14	14	8	21
10,1—12,5	4	4	5	13
12,6—15,0	5	5	4	11

Nach dieser Trennung erhöht sich bei den Zulageperioden der Anteil der Versuche mit einer kleineren Unsicherheit als 5% des kalorischen Ansatzes auf 44%. Bei mehr als der Hälfte der Zulageperioden liegt also die prozentuale Unsicherheit des kalorischen Ansatzes der einzelnen Periode höher als 5%!

Nun ergibt sich die Frage, wie sich diese Unsicherheit bei der Differenzmethode auf die Ansatzberechnung der Zulage, also auf die gemessenen Nettoenergiewerte der einzelnen reinen Nährstoffe bzw. Futterstoffe auswirkt. Hierzu gilt folgende Überlegung: Es ist sowohl der kalorische Ansatz der Grundfutterperiode als auch der der Zulageperiode mit einer bestimmten Unsicherheit behaftet. Demzufolge werden sich beide Fehler durch Fehlerfortpflanzung auf die Ansatzdifferenz auswirken. Wird der Ansatz mit dem dazugehörigen Fehler

der Grundfutterperiode mit $a_1 \pm m_1$

„ Zulageperiode „ $a_2 \pm m_2$

bezeichnet, so gilt für den nicht korrigierten Ansatz der Zulage (Δa)

$$\Delta a = (a_2 - a_1) \pm \sqrt{m_1^2 + m_2^2}$$

Da jedoch das Tier in beiden Perioden in der Regel ein unterschiedliches Lebendgewicht hat, muß die Ansatzdifferenz um den Mehr- oder Minderbedarf für die Erhaltung korrigiert werden. Diese Lebendgewichtskorrektur ist mit etwa 10% (s. S. 58) unsicher, so daß, wenn die Korrektur mit k bezeichnet wird, sich formulieren läßt:

$$a_z = (a_2 - a_1 \underset{(-)}{+} k) \pm \sqrt{m_1^2 + m_2^2 + \left(\frac{k}{10}\right)^2},$$

wobei a_2 den korrigierten Ansatz der Zulage darstellt. (In den Werten von a_1 sind die Verzehrkorrekturen berücksichtigt.)

Werden unter diesen Voraussetzungen sämtliche von KELLNER durchgeführten Differenzversuche zur Bestimmung des Produktionswertes von reinen Nährstoffen bzw. Futterstoffen berechnet, so ergibt sich folgende Tabelle:

Tier	Periode	Zulagefuttermittel	Korrigierter Ansatz der Zulage kcal	Fehler kcal	Fehler %	Verdauliche organische Substanz g	Ansatz/100g verdaulicher organischer Substanz kcal
B	2	2,0 kg Stärke	2123,7	± 423,3	± 19,93	818	259,6 ± 51,7
C	2	2,0 kg Stärke	2004,9	± 712,4	± 35,53	833	240,7 ± 85,5
D	2	2,0 kg Stärke	2576,7	± 529,1	± 20,53	1168	220,6 ± 45,3
F	4	2,1 kg Stärke	3461,1	± 375,3	± 10,84	1474	234,8 ± 25,5
G	4	2,1 kg Stärke	3744,5	± 297,7	± 7,95	1480	253,0 ± 20,1
H	3	2,5 kg Stärke	3759,6	± 331,5	± 8,82	1738	216,3 ± 19,1
J	3	2,5 kg Stärke	2686,2	± 768,0	± 28,59	1436	187,1 ± 53,5
Y	6	2,0 kg Stärke	2360,0	± 385,9	± 16,35	1202	196,3 ± 32,1
K	7	2,0 kg Stärke	3851,9	± 327,6	± 8,50	1273	302,6 ± 25,7
Y	5	2,0 kg verz. Stärke	2282,5	± 388,5	± 17,02	1127	202,5 ± 34,5
Z	5	2,0 kg verz. Stärke	1274,6	± 496,9	± 38,98	1024	124,5 ± 48,5
K	8	2,0 kg Zucker	2820,2	± 336,3	± 11,92	1568	179,9 ± 21,4
N	5	2,0 kg Zucker	1115,8	± 322,5	± 28,90	1364	40,7 ± 23,6
Q	2	2,0 kg Zucker	2683,8	± 423,7	± 15,79	1607	167,0 ± 26,4
B	1	1,7 kg Kleber	1615,1	± 590,7	± 36,57	1030	156,8 ± 57,3
B	3	1,7 kg Kleber	2804,2	± 501,5	± 17,88	1135	247,1 ± 44,2
C	3	2,0 kg Kleber	2884,6	± 924,4	± 32,05	1194	241,6 ± 77,4
D	4	1,6 kg Kleber	2679,1	± 557,1	± 20,79	1184	226,3 ± 47,1
D	3	0,7 kg Erdnußöl	2999,8	± 509,5	± 16,98	509	501,7 ± 75,3
F	5	0,8 kg Erdnußöl	2859,7	± 638,7	± 22,33	47	742,2 ± 117,6
G	5	0,8 kg Erdnußöl	3275,7	± 686,5	± 20,96	519	684,8 ± 150,2
H	5	3,0 kg Strohstoff	6124,7	± 435,5	± 7,11	2369	258,5 ± 18,4
J	5	3,0 kg Strohstoff	5119,2	± 465,7	± 9,10	2330	219,7 ± 20,0
F	1	3,5 kg Wiesenheu	2408,5	± 421,3	± 17,49	1557	154,7 ± 27,1
G	2	3,5 kg Wiesenheu	2246,6	± 336,0	± 14,96	1597	140,7 ± 21,0
H	2	4,0 kg Wiesenheu	4019,7	± 375,9	± 9,35	2071	194,1 ± 18,2
H	7	4,0 kg Wiesenheu	4557,6	± 405,1	± 8,89	2228	204,6 ± 18,2
J	2	4,0 kg Wiesenheu	2830,1	± 455,9	± 16,11	2157	131,2 ± 21,1
K	1	4,0 kg Grasheu	2909,9	± 407,8	± 14,01	1903	152,9 ± 21,4
K	2	4,0 kg Grummet	2547,2	± 281,1	± 11,04	1719	148,2 ± 16,4
K	3	4,0 kg Kleeheu	2659,9	± 314,6	± 11,83	1701	156,4 ± 18,5
F	2	4,0 kg Haferstroh	2326,0	± 367,0	± 15,78	1486	156,5 ± 24,7
G	1	4,0 kg Haferstrohmehl	1898,5	± 576,3	± 30,36	1411	134,5 ± 40,8
O	8	4,0 kg Haferstrohmehl	2394,0	± 492,3	± 20,56	1396	171,5 ± 35,3
Q	4	4,0 kg Haferstroh	1517,0	± 490,3	± 32,30	1186	127,9 ± 41,3
H	1	4,0 kg Weizenstroh	366,4	± 494,2	± 134,9	1337	27,4 ± 37,0
J	1	4,0 kg Weizenstroh	1130,6	± 457,2	± 40,44	1512	74,8 ± 30,2

Tier	Periode	Zulagefuttermittel	Korrigierter Ansatz der Zulage kcal	Fehler kcal	Fehler %	Verdauliche organische Substanz g	Ansatz/100g verdaulicher organischer Substanz kcal
O	2	4,0 kg Weizenstroh-häcksel	829,6 ±	523,0 ±	63,04	1119	74,1 ± 46,7
O	3	4,0 kg Weizenstroh-mehl	2868,9 ±	470,2 ±	16,39	1109	258,7 ± 42,4
O	10	4,0 kg Weizenstroh-mehl	1918,2 ±	445,0 ±	23,20	1016	188,4 ± 43,7
O	5	4,0 kg Weizenspreu	1866,3 ±	485,3 ±	26,00	1197	155,9 ± 40,5
O	6	4,0 kg Gerstenstroh-häcksel	2527,4 ±	418,0 ±	16,54	1549	163,2 ± 27,0
Q	3	4,0 kg Gerstenstroh-mehl	1283,2 ±	646,5 ±	50,40	1120	114,6 ± 57,7
N	4	2,0 kg Sägemehl	-132,2 ±	462,8 ±	350,0	—	—
P	4	6,0 kg Kartoffeln	2189,7 ±	613,2 ±	28,00	903	242,5 ± 67,9
O	4	8,0 kg Kartoffeln	3858,9 ±	504,2 ±	13,07	1653	233,4 ± 30,5
U	2	2,5 kg Kartoffel-flocken	4362,3 ±	377,2 ±	8,65	1611	270,8 ± 23,4
U	3	2,5 kg Kartoffel-schnitzel	4178,0 ±	467,3 ±	11,18	1639	254,9 ± 28,5
V	3	2,5 kg Kartoffel-schnitzel	4897,4 ±	603,4 ±	12,32	1824	268,5 ± 33,1
K	6	3,5 kg Kartoffelpülpe	4152,6 ±	452,6 ±	10,90	1857	223,6 ± 24,4
W	2	10,0 kg Topinambur	3660,3 ±	469,1 ±	12,82	1861	196,7 ± 25,2
W	6	10,0 kg Topinambur	1548,4 ±	397,6 ±	25,68	1572	98,5 ± 25,3
K	2	10,0 kg Topinambur	3630,1 ±	502,3 ±	13,84	1805	201,1 ± 27,8
Y	2	20,0 kg Kohlrüben	3082,5 ±	469,5 ±	15,23	1496	206,0 ± 31,4
Z	2	16,0 kg Kohlrüben	1719,4 ±	798,4 ±	46,43	1225	140,4 ± 65,2
Y	3	15,0 kg Mohrrüben	2893,7 ±	464,7 ±	16,06	1615	179,2 ± 28,8
Z	3	15,0 kg Mohrrüben	2854,1 ±	324,5 ±	11,37	1603	178,1 ± 20,2
K	5	3,0 kg Rübenschnitzel	3492,9 ±	323,6 ±	8,21	1940	180,0 ± 16,7
M	6	3,0 kg Rübenschnitzel	2406,2 ±	539,5 ±	22,42	1979	121,6 ± 27,3
Q	5	20,0 kg Runkelrüben	3169,5 ±	458,1 ±	14,45	2029	156,2 ± 22,6
W	3	20,0 kg Runkelrüben	2273,0 ±	402,5 ±	17,71	1589	143,0 ± 25,3
X	3	20,0 kg Runkelrüben	2228,0 ±	324,9 ±	14,58	1587	140,4 ± 20,5
Q	6	13,0 kg Sauerschnitzel	3098,5 ±	307,8 ±	9,93	1462	211,9 ± 21,1
Q	7	2,5 kg Trocken-schnitzel	2771,8 ±	308,0 ±	11,11	1507	183,9 ± 20,4
Q	9	2,5 kg Trocken-schnitzel gequollen	1519,2 ±	331,9 ±	21,84	1530	99,3 ± 21,7

Tier	Periode	Zulagefuttermittel	Korrigierter Ansatz der Zulage kcal	Fehler kcal	Fehler %	Verdauliche organische Substanz g	Ansatz/100g verdaulicher organischer Substanz kcal
V	5	3,0 kg Rübenkraut	2094,9	± 574,3	± 27,41	1336	156,8 ± 43,0
U	5	3,0 kg Rübenkraut	3129,9	± 457,3	± 14,61	1359	230,3 ± 33,6
T	3	2,0 kg Erdnußmehl	3285,0	± 316,1	± 9,62	1336	246,0 ± 23,7
T	4	4,0 kg Erdnußmehl	6312,6	± 486,2	± 7,70	2610	241,9 ± 18,6
M	9	2,0 kg Erdnußmehl	2712,1	± 371,8	± 13,71	1401	193,6 ± 26,5
R	6	2,5 kg Kokoskuchenmehl	3842,7	± 423,1	± 11,01	1552	247,7 ± 27,3
M	7	3,0 kg Palmkernmehl	4601,7	± 366,4	± 7,96	1662	276,8 ± 22,0
M	8	2,0 kg Baumwollsaatmehl	3319,4	± 397,0	± 11,96	1185	280,1 ± 33,5
N	7	2,0 kg Leinkuchenmehl	3180,1	± 306,3	± 9,63	1274	249,6 ± 24,0
R	5	2,5 kg Ackerbohnenschrot	3281,0	± 372,3	± 11,35	1522	215,6 ± 24,5
N	2	3,0 kg Reisfuttermehl	4218,7	± 308,9	± 7,32	1273	331,4 ± 24,3
P	2	2,5 kg Reisfuttermehl	4237,4	± 501,9	± 11,84	1341	316,0 ± 37,4
U	6	2,5 kg Gerstenschrot	4200,1	± 490,6	± 11,68	1761	238,5 ± 27,9
V	6	2,5 kg Gerstenschrot	4116,2	± 367,5	± 8,93	1720	239,3 ± 21,4
P	3	2,5 kg Roggenschrot	3207,3	± 554,3	± 17,28	1533	209,3 ± 36,2
R	1	2,5 kg Roggenkleie	2077,5	± 505,0	± 24,31	1322	157,2 ± 38,2
T	1	2,0 kg Roggenkleie	2243,9	± 340,6	± 15,18	1232	182,1 ± 27,6
N	3	3,0 kg Roggenkleie	3733,5	± 346,5	± 9,27	1697	220,0 ± 20,4
M	3	3,0 kg Roggenkleie	2867,1	± 507,4	± 17,70	1668	171,9 ± 30,4
M	2	3,0 kg Weizenkleie	2213,2	± 433,3	± 19,58	1452	152,5 ± 29,8
R	2	2,5 kg Weizenkleie	3160,8	± 379,3	± 12,00	1324	238,8 ± 28,6
N	1	3,0 kg Malzkeime	3889,7	± 340,2	± 8,75	1575	247,0 ± 21,6
M	1	3,0 kg Malzkeime	2362,7	± 430,6	± 18,22	1588	148,8 ± 27,1
W	5	2,5 kg Malzkeime	2671,5	± 399,2	± 14,94	1479	180,6 ± 27,0
R	4	2,5 kg Biertreber	2974,7	± 487,6	± 16,39	1292	230,2 ± 37,7
O	12	2,5 kg Maisschlempe	3900,4	± 570,8	± 14,63	1577	247,3 ± 36,2
F	6	2,5 kg Melasse	3208,5	± 357,8	± 11,15	1348	238,0 ± 26,5
H	6	2,5 kg Melasse	4684,3	± 662,1	± 14,13	1512	309,8 ± 43,8
J	6	2,5 kg Melasse	2682,1	± 398,7	± 14,87	1419	189,0 ± 28,1
S	2	Ration	5128,7	± 428,6	± 8,36	2168	236,6 ± 19,8
S	3	Ration	1682,0	± 493,0	± 29,31	1167	144,1 ± 42,2

Bezüglich der prozentualen Unsicherheit des kalorischen Ansatzes der entsprechenden Zulage (d. h. der Nettoenergie) ergibt sich folgende Verteilung:

% Unsicherheit der bestimmten Nettoenergiewerte	Anzahl der Versuche	Anzahl der Versuche in %
0—5,0	—	—
5,1—10,0	19	20
10,1—15,0	29	30
15,1—20,0	20	21
20,1—25,0	9	10
25,1—30,0	7	7
30,1—40,0	6	6
über 40,0	6	6

Nur bei 20% der durchgeführten Versuche liegt die Unsicherheit der bestimmten Nettoenergiewerte der einzelnen Differenzversuche unter 10%. Daraus ist ersichtlich, daß die von KELLNER gemessenen Nettoenergiewerte von reinen Nährstoffen bzw. von Futterstoffen mit nicht unerheblichen Unsicherheiten behaftet sind, obwohl die Messungen des Umsatzes in den einzelnen Respirationsperioden verhältnismäßig genau sind (s. S. 39). Folglich müssen diese großen Unsicherheiten durch die Methodik der Differenzmessung bedingt sein.
Die prozentuale Unsicherheit steht in Abhängigkeit zur Höhe des Ansatzes der Zulage. Eine graphische Auswertug ergibt, daß die Beziehung am besten durch eine Hyperbel wiederzugeben ist. Bezeichnen wir den korrigierten Ansatz der Zulage mit a, die dazugehörige Unsicherheit mit f, so ergibt die Rechnung nach Ausschalten der Perioden B 3, C 2, G 5, H 6, J 3 und Z 2 folgende Gleichung:

$$a \cdot f = 433 \cdot 10^2 \, (\pm m)$$

Für m errechnet sich für die Einzelmessung $89 \cdot 10^2$, für den Mittelwert $9{,}5 \cdot 10^2$.
Was besagt nun diese Gleichung? Bei Erzielung der gleichen Genauigkeit der einzelnen Messungen, wie sie KELLNER in seinen Respirationsversuchen erreichte, ist die Größe der Unsicherheit der gemessenen Nettoenergie einer Zulage umgekehrt proportional zu der Höhe des kalorischen Ansatzes. Bezeichnen wir die durch die Zulage bewirkte Vermehrung des kalorischen Ansatzes mit x, die dazugehörige prozentuale Unsicherheit unter Einbeziehung der Streubreite (mittlerer Fehler der Einzelmessung) mit $y \pm m$, so ergibt sich folgende Tabelle:

x kcal	$y \pm m$ %	x kcal	$y \pm m$ %
10000	4,3 ± 0,9	5000	8,7 ± 1,7
9000	4,8 ± 1,0	4000	10,8 ± 2,2
8000	5,4 ± 1,1	3000	14,4 ± 2,9
7000	6,2 ± 1,3	2000	21,7 ± 4,5
6000	7,2 ± 1,5	1000	43,3 ± 8,9

Die von KELLNER durchgeführten Versuche sind so angelegt, daß die Vermehrung des kalorischen Ansatzes durch die Zulage im allgemeinen in der Größenordnung von 2000 bis 4000 kcal liegt. *Hier ergeben sich wesentliche methodische Möglichkeiten, die Unsicherheit der gemessenen Nettoenergiewerte zu verringern*, wenn man die Versuche so führen kann, daß die Zulage und damit der durch die Zulage bewirkte Ansatz erhöht wird.

Im Mittel der von KELLNER durchgeführten 38 Grundfutterperioden ist die Grundfutterration so reichlich bemessen worden, daß die Tiere in der Grundfutterperiode täglich durchschnittlich 4000 kcal ansetzten. Demzufolge konnte die Zulage nicht besonders hoch gewählt werden, da sonst ein quantitativer Verzehr der Zulageration in Frage gestellt worden wäre. Bei entsprechend straffer Versuchsplanung nach dem Schema Grundfutterperiode / Zulageperiode / Grundfutterperiode dürfte es möglich sein, die Grundfutterration so zusammenzustellen, daß der kalorische Ansatz in der zweiten Grundfutterperiode etwa 1000 kcal beträgt. Demzufolge läßt sich bei sehr vielen Futterstoffen die Zulage erheblich vermehren, so daß wir auf durch die Zulage vermehrte kalorische Ansatzwerte der Größenordnung von 5000 bis 7000 kcal kommen können. Bei der gleichen Genauigkeit der Versuchsdurchführung, wie sie von KELLNER erreicht worden ist, würden so gemessene Nettoenergiewerte mit einer Unsicherheit der Größenordnung von 5—10% behaftet sein. Führt man diese Versuche mit 4 Paralleltieren durch, so wäre der resultierende Mittelwert der gemessenen Nettoenergie, falls keine individuellen Einflüsse auf die Meßgröße vorliegen, mit über 95% gesichert, eine Sicherung, die notwendig erscheint, wenn die Ergebnisse solcher Versuche verallgemeinert werden sollen.

Bei einer Reihe von Futterstoffen (Stroh, Spreu usw., sehr einseitig zusammengesetzte Futterstoffe) wird man aus früher beschriebenen Erwägungen heraus die Zulage nicht so hoch wählen können, daß eine Ansatzleistung von 5000 bis 7000 kcal erreicht wird. Bei der Versuchsplanung zur Bestimmung der Nettoenergie solcher Futterstoffe wird man nach Schätzung der zu erwartenden Ansatzwerte eine entsprechend hohe Anzahl von Paralleltieren aufstellen müssen, um den resultierenden Mittelwert entsprechend zu sichern. So dürfte es z. B. nicht möglich sein, an die Tiere mehr als 5 kg Stroh als Zulage zu verfüttern, wenn man noch einen quantitativen Verzehr erreichen will. Rechnen wir mit einer Verdaulichkeit von etwa 40%, so werden dem Tier mit der Zulage etwa 1,8 kg verdauliche Nährstoffe zugeführt. Rechnen wir mit einer Nettoenergie von 100 kcal pro 100 g verdaulicher organischer Substanz, so entspricht die Zulage einem Ansatz von 1800 kcal, d. h. die gemessene Nettoenergie wird wahrscheinlich mit einer Unsicherheit von etwa 24% behaftet sein. Bei 10 Paralleltieren wiese dann der resultierende Mittelwert theoretisch eine Sicherung von 92,5% auf.

Es soll jedoch noch klar herausgestellt werden, daß die obigen Berechnungen an Hand der KELLNERschen Versuche nur ein Bild der *Größenordnung der Fehler* vermitteln können, da der Rechnung eine Reihe von Annahmen zugrunde gelegt worden sind. Ferner sei betont, daß bei zukünftigen Versuchsplanungen nicht nur davon auszugehen ist, wie das Verhältnis der Höhe des Grundfutters zur Höhe der Zulage am günstigsten gewählt werden kann, sondern es sind auch die früher beschriebenen Maßnahmen und Forderungen zu beachten, wenn man brauchbare, d. h. verallgemeinerungsfähige Ergebnisse aus Respirationsversuchen erhalten will.

Eine weitere Frage stellt dar, ob durch die unvermeidbare Korrektur infolge der Lebendgewichtsänderung des Tieres zwischen Grundfutter- und Zulageperiode wesentliche Unsicherheiten in die Berechnung des kalorischen Ansatzes der Zulage hereingetragen werden, wenn man für diese Korrektur Durchschnittswerte einsetzt.

Bei den KELLNERschen Versuchen ist die Lebendgewichtsänderung zwischen Zulageperiode und Grundfutterperiode in der Regel verhältnismäßig hoch, da zu einer Grundfutterperiode bis zu 8 Zulageperioden durchgeführt worden sind (z. B. Versuche mit dem Ochsen M, Periode 1–4 und 6–9 Zulageperioden; Periode 5 Grundfutter). Im Beispiel des Ochsen M beträgt das Lebendgewicht in

Periode 1 643,4 kg
,, 5 707,1 kg
,, 9 786,7 kg

Die höchste Differenz zwischen Grundfutter- und Zulageration macht etwa 80 kg aus. Es beträgt der Ansatz in

Periode 5 3422,1 ± 279,5 kcal
,, 9 5076,6 ± 224,8 kcal

Die nicht korrigierte Ansatzdifferenz errechnet sich zu

1654,5 ± 358,6 kcal

Nach der üblichen Berechnungsweise beträgt die Korrektur für die Lebendgewichtsänderung +980,0 kcal, für verschiedenen Futterverzehr des Grundfutteranteils in beiden Perioden +77,6 kcal, so daß sich ein korrigierter Ansatz von 2712,1 kcal errechnet. Dieser Ansatz ist also von der Zulage- und Grundfutterperiode her gesehen um 358,6 kcal = 13,22% unsicher. Angenommen, die Größe der Lebendgewichtskorrektur ist zu 10% unsicher, so ergibt sich durch Fehlerfortpflanzung, daß sich die Unsicherheit der gemessenen Nettoenergie um 13,2 kcal = 0,49% erhöht. Das bedeutet, daß sogar in diesem extrem gewählten Beispiel die durch die Lebendgewichtskorrektur bedingte Unsicherheit im Vergleich zu der Unsicherheit der einzelnen Perioden nur eine untergeordnete Rolle spielt. Es erscheint daher gerechtfertigt, bei der Korrektur der Nettoenergie der Zulage infolge Lebendgewichtsveränderung zwischen Grundfutter- und Zulageperiode mit einem Durchschnittswert pro Gewichtseinheit zu rechnen, zumal die Versuche methodisch so geführt werden können, daß die entsprechende Lebendgewichtsänderung 30 bis 40 kg nicht übersteigt. (Über die Höhe der Korrektur s. S. 62.)

Weiterhin kann die Unsicherheit der Nettoenergiebestimmung durch eine Anordnung der Perioden nach Grundfutter / Zulage / Grundfutter vermindert werden. Bezeichnen wir den kalorischen Ansatz mit der entsprechenden Unsicherheit in

der 1. Grundfutterperiode mit $a_1 \pm m_1$,
der Zulageperiode ,, $b \pm n$,
der 2. Grundfutterperiode ,, $a_2 \pm m_2$,

so kann die Nettoenergie der Zulage nach dem Differenzprinzip zweifach berechnet werden (d. h. gegen beide Grundfutterperioden). Unter Berücksichtigung der Lebendgewichtskorrekturen (k) entstehen folgende Gleichungen für die Nettoenergie der Zulage (N):

$$(b - a_1 + k_1) \pm \sqrt{n^2 + m_1^2} = N_1 + f_1$$

$$(b - a_2 + k_2) \pm \sqrt{n^2 + m_2^2} = N_2 + f_2$$

Durch Mittelwertbildung ergibt sich

$$\frac{N_1 + N_2}{2} \pm \frac{f_1^2 + f_2^2}{2} \fallingdotseq N \pm f$$

Ist $f_1 \geqq f_2$, so ist $f \leqq f_1$, d. h. die Unsicherheit der gemessenen mittleren Nettoenergiewerte ist kleiner (oder höchstens gleich) als die eine der beiden Teilaufrechnungen.

Außerdem bietet diese Periodenanordnung eine gute Kontrollmöglichkeit für die beiden Grundfutterperioden. Unterscheidet sich f_1 wesentlich von f_2, so ist der Versuch nur mit gewissen Vorbehalten auswertbar. (Auf diese Versuchsanordnung wird später (s. S. 65) noch einzugehen sein. Eine weitere Diskussion der in der obigen Tabelle aufgeführten Werte erfolgt im einzelnen bei der Besprechung der Produktionswertbestimmung der einzelnen Futtermittelgruppen.)

Im Rahmen der fehlerkritischen Betrachtungen sei noch erörtert, ob die von KELLNER ermittelten Werte des Produktionswertes der verschiedenen Futterstoffe als „Fettnettokalorien" anzusehen sind. Auf S. 33 wurde bereits darauf hingewiesen, daß neben dem Fettansatz in den KELLNERschen Versuchen auch ein nicht unerheblicher Proteinansatz parallel verläuft, ferner, daß eine Berücksichtigung der Höhe des Proteinansatzes bei der Berechnung der Nettoenergie erforderlich erscheint.

In der folgenden Tabelle sind entsprechend den teilweise schon auf S. 33 gemachten Annahmen (Aufbau aus den Bausteinen des Nahrungsproteins zum Körperprotein erfolgt praktisch ohne Energieverbrauch, die Verwertung des im Körper angesetzten Proteins würde, wenn es in Form von Fett angesetzt worden wäre, nur zu 40% der Energie im gebildeten Körperfett erscheinen) die berechneten Nettoenergiewerte sowie die prozentualen Verwertungszahlen der umsetzbaren Energie zum Ansatz der gesamten KELLNERschen Differenzversuche mit und ohne Berücksichtigung der davor angegebenen Proteinansatzdifferenz zwischen Grundfutter- und Zulageperiode zusammenstellt. Bei Zulageperioden, die in die Mitte von 2 Grundfutterperioden fallen, wurde der mittlere Proteinansatz beider Grundfutterperioden in Rechnung gestellt. Ferner sind in der

Tier	Periode	Zulage	Proteinansatz	Proteinansatz in % des Ansatzes	Ansatz/100 g verdaulicher organischer Substanz			Verwertungskoeffizient		
					unkorrigiert	korrigiert	korrigiert in % von unkorrigiert	unkorrigiert	korrigiert	korrigiert in % von unkorrigiert
				kcal	kcal	kcal				
B	2	Stärke	-123	- 5,8	260	269	103,5	65,0	66,3	102,0
C	2	Stärke	-214	-10,7	241	256	106,2	57,1	59,6	104,4
D	2	Stärke	32	1,2	221	219	99,1	54,0	53,7	99,4
F	4	Stärke	706	20,4	235	206	87,7	65,2	59,9	91,9
G	4	Stärke	582	15,5	253	229	90,5	66,0	62,1	94,1
H	3	Stärke	195	5,2	216	210	97,2	56,2	54,9	97,7
J	3	Stärke	326	12,1	187	173	92,5	55,5	52,3	94,2
Y	6	Stärke	35	1,5	196	195	99,5	53,2	52,8	99,2
K	7	Stärke	233	6,0	303	292	96,4	79,2	78,2	98,7
Y	5	verz. Stärke	336	14,7	203	185	91,1	51,3	47,4	92,4
Z	5	verz. Stärke	112	8,8	125	118	94,4	31,3	29,4	93,9
K	8	Zucker	672	23,8	180	154	85,6	52,2	45,4	87,0
N	5	Zucker	515	46,1	82	59	72,0	23,0	13,9	60,4
Q	2	Zucker	549	20,5	167	147	88,0	47,7	42,0	88,1
B	1	Kleber	350	21,7	157	136	86,6	38,7	33,9	87,6
B	3	Kleber	396	14,8	247	226	91,5	50,5	46,7	92,5
C	3	Kleber	146	5,1	242	234	96,7	43,9	42,6	97,0
D	4	Kleber	196	7,3	226	216	95,6	36,6	34,9	95,4
D	3	Erdnußöl	48	1,6	502	497	99,0	51,9	51,5	99,2
F	5	Erdnußöl	486	17,0	742	667	89,9	65,2	60,9	93,4
G	5	Erdnußöl	247	7,5	685	654	95,5	70,6	68,9	97,6
H	5	Strohstoff	645	10,5	259	242	93,4	67,7	65,2	96,3
J	5	Strohstoff	371	7,2	220	210	95,5	59,0	57,2	96,9
F	1	Wiesenheu	1057	43,9	155	114	73,5	42,8	29,6	69,2
G	2	Wiesenheu	602	26,8	141	118	83,7	35,2	28,5	81,0
H	2	Wiesenheu	563	14,0	194	178	91,6	51,0	47,2	92,5
H	7	Wiesenheu	211	4,6	205	199	97,1	49,0	47,8	97,6
J	2	Wiesenheu	678	24,0	131	112	85,5	35,8	29,8	83,2
K	1	Grasheu	608	20,9	153	134	87,6	40,3	34,8	86,4
K	2	Grummet	462	18,1	148	152	89,2	38,8	34,2	88,1
K	3	Kleeheu	547	20,6	156	137	87,8	40,6	35,2	86,7

Tier	Periode	Zulage	Proteinansatz	Proteinansatz in % des Ansatzes	Ansatz/100 g verdaulicher organischer Substanz			Verwertungskoeffizient		
					unkorrigiert	korrigiert	korrigiert in % von unkorrigiert	unkorrigiert	korrigiert	korrigiert in % von unkorrigiert
			kcal		kcal	kcal				
F	2	Haferstroh	481	20,7	157	137	87,3	39,9	34,5	86,5
G	1	Haferstroh	696	36,7	135	105	77,8	37,7	27,7	73,5
O	8	Haferstrohmehl	75	3,1	172	168	97,7	48,0	47,2	98,3
Q	4	Haferstrohmehl	151	10,0	128	120	93,8	34,4	32,1	93,3
H	1	Weizenstroh	–93	–25,4	27	32	118,5	10,8	13,2	122,2
J	1	Weizenstroh	121	10,7	75	70	93,3	23,4	21,4	91,5
O	2	Weizenstrohhäcksel	54	6,5	74	71	95,9	21,9	20,7	94,5
O	3	Weizenstrohmehl	7	0,2	259	258	99,6	74,6	74,6	100,0
O	10	Weizenstrohmehl	220	11,5	188	175	93,1	57,1	54,1	94,7
O	5	Weizenspreu	18	1,0	156	155	99,4	43,8	43,6	99,5
O	6	Gerstenstroh	463	18,3	163	145	89,0	46,0	45,5	98,9
Q	3	Gerstenstrohmehl	81	6,3	115	110	95,7	32,3	30,9	95,7
M	4	Sägemehl	152	(115)	—	—	—	—	—	—
P	4	Kartoffeln	–221	–10,1	243	257	105,8	65,4	67,5	103,2
O	4	Kartoffeln	192	5,0	233	226	97,0	65,8	64,7	98,3
U	2	Kartoffelflocken	115	2,6	271	266	98,2	68,6	68,1	99,3
U	3	Kartoffel-schnitzel	75	1,8	255	252	98,8	62,2	61,8	99,4
V	3	Kartoffel-schnitzel	237	4,8	269	261	97,0	65,6	64,5	98,3
K	6	Kartoffelpülpe	898	21,6	224	195	87,1	51,2	45,1	88,1
W	2	Topinambur	457	12,5	197	182	92,4	49,0	45,7	93,3
W	6	Topinambur	356	23,0	99	85	85,9	29,2	24,1	82,5
K	2	Topinambur	117	3,2	201	197	98,0	50,5	49,6	98,2
Y	2	Kohlrüben	561	18,2	206	184	89,3	52,6	47,6	90,5
Z	2	Kohlrüben	230	13,4	140	129	92,1	36,6	33,4	91,3
Y	3	Mohrrüben	182	6,3	179	172	96,1	45,4	43,7	96,3
Z	3	Mohrrüben	95	33,3	178	174	97,8	46,5	45,6	98,1
K	5	Rübenschnitzel	727	20,8	180	158	87,8	57,7	51,9	89,9
M	6	Rübenschnitzel	840	20,0	122	107	87,7	33,0	28,3	85,8
Q	6	Runkeln	22	0,7	156	156	100,0	45,4	45,2	99,6
W	3	Runkeln	209	9,2	143	135	94,4	39,4	37,1	94,2
X	3	Runkeln	245	11,0	140	131	93,6	37,6	34,9	92,8
Q	6	Sauerschnitzel	211	6,8	212	203	95,8	57,9	56,2	97,1
Q	7	Trockenschnitzel	189	6,8	184	176	95,7	50,0	48,3	96,6

Tier	Periode	Zulage	Proteinansatz	Proteinansatz in % des Ansatzes	Ansatz/100 g verdaulicher organischer Substanz			Verwertungskoeffizient		
					unkorrigiert	korrigiert	korrigiert in % von unkorrigiert	unkorrigiert	korrigiert	korrigiert in % von unkorrigiert
				kcal	kcal	kcal				
Q	9	Trockenschnitzel gequollen	340	22,4	99	86	86,9	25,9	21,3	82,2
V	5	Rübenkraut	224	10,7	157	147	93,6	40,8	38,1	93,4
U	5	Rübenkraut	563	18,0	230	205	89,1	59,8	54,9	91,8
T	3	Erdnußmehl	554	16,9	246	221	89,8	58,8	54,3	92,3
T	4	Erdnußmehl	639	10,1	242	227	93,8	53,5	50,9	95,1
M	9	Erdnußmehl	291	10,7	194	181	93,3	49,6	46,7	94,2
R	6	Kokoskuchenmehl	257	6,7	248	238	96,0	50,2	48,5	96,6
M	7	Palmkernmehl	297	6,5	277	266	96,0	63,1	61,5	97,5
M	8	Baumwollsaatmehl	333	10,0	280	263	93,9	58,2	55,6	95,5
N	7	Leinkuchenmehl	456	14,3	250	228	91,2	56,9	53,1	93,3
R	5	Ackerbohnenschrot	443	13,5	216	198	91,7	52,6	48,9	93,0
N	2	Reisfuttermehl	313	7,4	331	317	95,8	66,1	64,3	97,3
P	2	Reisfuttermehl	3	0,1	316	316	100,0	66,1	66,1	100,0
U	6	Gerstenschrot	325	7,7	239	227	95,0	59,6	57,6	96,6
V	6	Gerstenschrot	167	4,1	239	234	97,9	57,8	56,6	97,9
P	3	Roggenschrot	305	9,5	209	197	94,3	56,0	53,5	95,5
R	1	Roggenkleie	428	20,6	157	138	87,9	38,3	33,0	86,2
T	1	Roggenkleie	557	24,8	182	155	85,2	48,1	41,1	85,4
N	3	Roggenkleie	590	15,8	220	199	90,5	54,2	49,9	92,1
M	3	Roggenkleie	218	7,6	172	164	95,3	42,7	40,8	95,6
M	2	Weizenkleie	498	22,5	153	132	86,3	37,2	31,4	84,4
R	2	Weizenkleie	29	1,0	239	237	99,2	56,4	56,2	99,6
N	1	Malzkeime	669	17,2	247	221	89,5	64,8	60,4	93,2
M	1	Malzkeime	755	32,0	149	120	80,5	37,7	29,5	78,2
W	5	Malzkeime	391	14,6	181	165	91,2	23,0	13,9	60,4
R	4	Biertreber	172	5,8	230	222	96,5	48,6	47,1	96,9
O	12	Maisschlempe	-423	-10,8	247	263	106,5	46,5	49,0	105,4
F	6	Melasse	571	17,8	238	213	89,5	60,3	55,5	92,0
H	6	Melasse	315	6,7	310	297	95,8	82,6	81,6	98,8
J	6	Melasse	332	12,4	189	175	92,6	54,5	50,8	93,2
S	2	Ration	-222	- 4,3	237	243	102,5	61,5	62,5	101,6
S	3	Ration	64	3,8	144	141	97,9	37,6	36,7	97,6

Tabelle die korrigierten Verwertungskoeffizienten bzw. Nettoenergiewerte pro 100 g verdaulicher organischer Substanz in % der entsprechenden unkorrigierten Werte angegeben.

Zunächst ist festzustellen, daß ein nicht unbeträchtlicher Anteil des kalorischen Ansatzes auf den Proteinansatz entfällt. Auf S. 33 wurde bereits darauf hingewiesen. Ferner ergibt die Gesamtbetrachtung, daß die Höhe des Proteinansatzes nicht unbedingt mit der Höhe der Proteingabe im Futter bzw. mit verkleinertem Nährstoffverhältnis parallel läuft, sondern im allgemeinen zufälliger Natur ist, allerdings mit der Einschränkung, daß mit höherem Gesamtansatz auch ein höherer Proteinansatz gemessen wird. Letzteres ist von vornherein zu erwarten, da von dem Tier zur Einlagerung des Körperfettes Protein zur Bildung der Stützgewebe benötigt wird. Demzufolge ist auch nur bei 6% der Versuche der gemessene Proteinansatz in der Grundfutterperiode höher als in der Zulageperiode.

Einige Versuche scheinen darauf hinzuweisen, daß die Art der Zulage einen Einfluß auf die Höhe des Proteinansatzes ausübt. So ergeben z. B. die Versuche mit verschiedenen Heuarten oder mit Zucker als Zulagen einen verhältnismäßig hohen Proteinansatz, während bei der Zulage von Stärke der Proteinansatz relativ klein ist. Im einzelnen wird hierauf noch bei der Besprechung der verschiedenen Futtermittelgruppen einzugehen sein.

Unter der Voraussetzung, daß die nach den oben gemachten Annahmen aufgestellte Arbeitshypothese über die Verwertung des Proteins den Verhältnissen im tierischen Organismus etwa entspricht, zeigt sich, daß die von KELLNER oder in später aus dem Nachlaß KELLNERs veröffentlichten Versuchen berechnete prozentuale Verwertung der umsetzbaren Energie bzw. die Nettoenergie der Zulage in fast allen Versuchen als zu hoch angegeben worden ist, wenn diese Werte die Fähigkeit des ausgewachsenen Rindes zur Produktion von Körperfett aus der gegebenen Zulage ausdrücken sollen. Größenordnungsmäßig sind diese Angaben um 5–10% zu hoch.

Ein Vergleich der durch unterschiedlichen Proteinansatz in die Meßwerte der Nettoenergie hereingetragenen Korrektur mit den früher aus der C-Bilanz berechneten Unsicherheiten der entsprechenden Versuche zeigt, daß nur bei 12% der Versuche die durch unterschiedlichen Proteinansatz berechneten Korrekturen der Nettoenergie die aus der C-Bilanz errechnete Unsicherheit geringfügig übersteigen. Trotzdem kann nach den vorliegenden Ergebnissen die Proteinansatzkorrektur bei der Auswertung nicht unberücksichtigt bleiben, da diese Korrekturen gerichtet sind.

Es bleibt nur die Frage offen, in welcher Weise die Versuche bezüglich des unterschiedlichen Proteinansatzes zu korrigieren sind, denn die oben aufgestellte Arbeitshypothese ist keineswegs bewiesen. Aus dem Versuchsmaterial KELLNERs läßt sich nicht ableiten, ob diese Arbeitshypothese richtig ist. Einem solchen Beweis stellen sich auch erhebliche methodische Schwierigkeiten entgegen, da man es bei ausgewachsenen Tieren nicht in der Hand hat, die Versuche so zu leiten, daß ein beträchtlicher Proteinansatz erfolgt. Eine Übertragung von Ergebnissen über den thermischen Bedarf für die Proteinsynthese bei wachsenden Tieren, wie sie z. B. von WIEGNER und v. GRÜNINGEN (55) abgeleitet sind, auf die Verhältnisse beim ausgewachsenen Tier erscheint physiologisch nicht gerechtfertigt.

Im Durchschnitt aller Versuche stellt sich der Proteinansatz im Verhältnis zum Gesamtansatz auf etwa 10%. Es erhebt sich daher die Frage, ob es nicht zweckmäßig ist, die Ergebnisse von Produktionswertbestimmungen auf ein standardisiertes energetisches Verhältnis von Protein- und Fettansatz von 10:90 zu beziehen. Eine solche Festsetzung würde den normalen Verhältnissen bei der Fettmast näher kommen als eine Umrechnung auf 100% Fettansatz, da das Tier zur Ablagerung von Fett im allgemeinen auch Stützgewebe bilden muß, damit also ein gewisser Proteinansatz unvermeidbar ist.

In diesem Falle ist es nicht mehr korrekt, von Fettnettokalorien zu sprechen, sondern man würde korrekter bei wissenschaftlichen Arbeiten von „Fettmast-Nettoenergie" sprechen.

Es wird daher vorgeschlagen, solange wir keine weiteren Kenntnisse über die Verwertung der Energie zum Proteinansatz (resp. Zuschuß von Körperprotein) besitzen, bei der Auswertung von Respirationsversuchen zur Produktionswertbestimmung von Futterstoffen zukünftig die Ergebnisse auf „Fettmast-Nettoenergie" umzurechnen, wobei bei der Umrechnung von Proteinansatz auf Fettansatz nach obiger Arbeitshypothese zu verfahren ist. Dadurch werden die erhaltenen Ergebnisse besser vergleichbar.

Liegt der Proteinansatz zwischen 5 und 15% des Gesamtansatzes, so hat eine solche Umrechnung auf „Fettmast-Nettoenergie" praktisch keine Bedeutung, da die Korrekturwerte innerhalb der unvermeidlichen Versuchsfehler liegen.

Die bisherigen fehlerkritischen Betrachtungen beschränkten sich im wesentlichen auf die Auswirkung der Fehler auf die eigentliche Meßgröße, nämlich den kalorischen Ansatz resp. die gemessene Nettoenergie (Fett). Zur Beurteilung der Verwertung der Nährstoffe im tierischen Organismus ist jedoch die Kenntnis der Verwertungskoeffizienten der umsetzbaren Energie zum Ansatz von großer Wichtigkeit.

Da der Bestimmungsfehler bei der Messung der Verbrennungswärme in den Einnahmen und im Kot kleiner ist als bei der Ermittlung des C-Gehaltes, andererseits beim Harn größer ist, können wir damit rechnen, daß größenordnungsmäßig die gleiche Unsicherheit in der Ermittlung der umsetzbaren Energie der Zulage liegt wie in dem durch die Zulage bewirkten Ansatz. Da ferner die Ansatzgröße in Abhängigkeit zur Höhe der umsetzbaren Energie steht, ist prozentual beim Verwertungskoeffizienten etwa mit der gleichen Unsicherheit zu rechnen wie beim kalorischen Ansatz. Demzufolge können alle vorher gezogenen Schlußfolgerungen sinngemäß übertragen werden.

In diesem Zusammenhang dürfte es noch von Interesse sein, mit welcher Genauigkeit die Methanausscheidungen bei den KELLNERschen Respirationsversuchen erfaßt worden sind. Es wurde daher in derselben Weise wie bei den gasförmigen Gesamt-C-Ausscheidungen (s. S. 19) der mittlere Fehler des Mittelwertes der Methanausscheidungen berechnet. In der folgenden Zusammenstellung ist die Fehlerverteilung der gemessenen Methanausscheidungen wiedergegeben:

Unsicherheit der CH_4-Ausscheidungen:	0,0—1,0	1,1—2,0	2,1—3,0	3,1—4,0	4,1—5,0	über 5,0
Anzahl der Versuche:	20	51	44	14	5	4
Anzahl der Versuche in %:	14	37	32	10	4	3

Bei etwa der Hälfte der Versuche liegt der mittlere Fehler über 2% der mittleren Methanausscheidung. Größenordnungsmäßig werden von ausgewachsenen Ochsen 200 g CH_4 täglich produziert. Eine Unsicherheit in der Bestimmung der CH_4-Ausscheidung von 2% entspricht also etwa 50 kcal. Aus Beobachtungen von MØLLGAARD und Mitarbeitern (13, 40) wissen wir, daß bei bestimmten Rationen bei der Pansengärung außer Methan auch andere höhere Kohlenwasserstoffe gebildet werden, die einen höheren Energiegehalt besitzen. Bei den KELLNERschen Versuchen sind — bedingt durch die Bestimmungsmethodik — die gesamten verbrennbaren respirierten C-Ausscheidungen auf Methan umgerechnet worden. Bei zukünftigen Versuchen ist dieser Unsicherheit durch Einführung der Gasanalyse in die Methodik zu begegnen. (Hinsichtlich der weiteren methodischen Folgerungen gilt hier das gleiche, was bereits auf S. 40 bei der fehlerkritischen Besprechung der gasförmigen Ausscheidungen gesagt worden ist.)

Insgesamt gesehen haben die fehlerkritischen Betrachtungen ergeben, daß die von KELLNER ermittelten Nettoenergiewerte mit nicht unerheblichen Unsicherheiten behaftet sind, daß sich aber methodisch durch entsprechende Versuchsplanung diese Unsicherheiten bei zukünftigen Versuchen wesentlich verringern lassen werden. In diesem Zusammenhang dürfte es von Interesse sein, einen Vergleich zwischen den berechneten Unsicherheiten der KELLNERschen Versuche und den von MØLLGAARD bei seinen Versuchen ermittelten fehlerkritischen Angaben zu ziehen. MØLLGAARD (36) macht für die zufälligen Variationen des Stoffwechsels in seinen Versuchen folgende Angaben (in m-%):

Sauerstoffaufnahme	1,4
Kohlensäureproduktion	1,0
Methanproduktion	2,4
Kot-C	2,2
Harn-C	2,8

Bei einer durchschnittlichen Verteilung der C-Einnahmen auf die verschiedenen Ausscheidungen und den Ansatz (Kot 30%, Harn 5%, Respiration 50%, Ansatz 15% der C-Einnahmen) errechnet sich durch Fehlerfortpflanzung eine mittlere Unsicherheit der C-Bilanz von 0,8–0,9% der Gesamt-C-Einnahmen, also im großen und ganzen die gleiche Größenordnung, wie wir sie für die KELLNERschen Versuche gefunden haben.

3. *Der Ersatzversuch*

Es wurde bereits erwähnt, daß KELLNER bei seinen Versuchen mit dem Tier E unbeabsichtigt die Methodik des Ersatzversuches eingeschlagen hat. Der ursprüngliche Versuchsplan war der, daß zu der Ration der Periode I in den Folgeperioden Stärkemehl, Erdnußöl und Weizenkleber als Zulage gereicht werden sollten. Da jedoch der Ansatz in Periode I bereits ca. 6000 kcal pro Tag betrug, hat KELLNER den Versuchsplan derart abgeändert, daß 1740 g Roggenkleie (Periode I) ersetzt wurden durch:

1580 g Stärke	(Periode II)
711 g Erdnußöl	(Periode III)
1448 g Kleber	(Periode IV)

Die erzielte Produktionswirkung der Rationen ist indessen recht unterschiedlich, wie die auf einheitliche Grundration und einheitliches Lebendgewicht (720 kg) reduzierten Ansatzwerte ergeben. Es betrug der resultierende Ansatz in

Periode	I	5480 kcal	(± 373 kcal)
Periode	II	4279 kcal	(± 353 kcal)
Periode	III	6272 kcal	(± 262 kcal)
Periode	IV	3636 kcal	(± 302 kcal).

Diese Werte stellen nicht die Produktionsleistung des jeweiligen Ersatzfuttermittels dar, sondern die Wirkung des über den Erhaltungsbedarf hinaus gereichten Betrages an umsetzbarer Energie. Da diese Wirkung nicht die gleiche ist, läßt sich aus vorliegender Versuchsreihe der Produktionswert der einzelnen Ersatzfutterstoffe (resp. -nährstoffe) nicht ermitteln.

Daraus folgt, daß Versuchsplanungen dieser Art zum Zweck der Produktionswertbestimmung von Futterstoffen ungeeignet sind. KELLNER wendete diese Methodik in späteren Respirationsversuchen nicht an, sondern er hat alle weiteren Respirationsversuche nach dem Prinzip der Differenzmessung durchgeführt.

Erscheint der Ersatzversuch zum Zweck der Produktionswertbestimmung von Futterstoffen bei abgeänderter Versuchsplanung geeignet und ergeben sich gegebenenfalls Vorteile oder Nachteile gegenüber der Differenzmethodik?

Führt man Ersatzversuche derart durch, daß — unter der Voraussetzung gleicher Produktionswirkung — in einer Ration, bestehend aus a kg einer Futtermischung $A + b$ kg eines Futtermittels B, das Futtermittel B durch c kg des Futtermittels C ersetzt wird, so steht die Nettoenergie des Futtermittels C im Verhältnis zu der des Futtermittels B wie $c:b$ und so fort. Nun wird jedoch der Idealfall der gleichen Wirkung bei Ersatzversuchen nur in seltenen Fällen erreicht werden. Ist die Wirkung nicht gleich, so sind alle auf gleiche Wirkung hinzielenden Korrekturen mit großen Unsicherheiten behaftet, so daß die einfache Methodik des Ersatzversuches zum Zweck der Produktionswertbestimmung von Futterstoffen mit Hilfe des Respirationsapparates ungünstiger zu beurteilen ist als die Methodik der Differenzmessung.

Es erhebt sich nun die Frage, ob man die Vorteile des Ersatzversuches mit den Vorteilen des Differenzversuches koppeln kann. Die Vorteile des Ersatzversuches liegen darin, daß das Tier während einer Versuchsreihe auf etwa dem gleichen Fütterungsniveau gehalten werden kann, während beim Differenzversuch jeweils der scharfe Einschnitt in die Fütterungsmenge zwischen Grundfutterperiode und Zulageperiode zwangsläufig unvermeidbar ist. Demzufolge ist es beim Ersatzversuch wesentlich einfacher, im Bereich optimal bilanzierter Rationen zu bleiben. Man wird bei Ersatzversuchen das Grundfutter auf die miteinander zu vergleichenden Futterstoffe von vornherein einstellen, wobei einige Standardgrundrationen für die Untersuchung der einzelnen großen Futtermittelgruppen (z. B. Heuarten, Stroharten, Getreideschrote, Wurzelgewächse usw.) optimal zusammenzustellen und die Messungen dann unter diesen standardisierten Bedingungen vorzunehmen wären. Der Vorteil der Differenzmethodik liegt darin, daß bei dieser Methode die Teilwirkung der Zulage direkt gemessen wird.

Kennt man nun die Teilwirkung (Nettoenergie [Fett]) eines Bestandteiles der Ration (V) beim verwendeten Versuchstier, so ist die Methodik des Ersatzversuches (V wird ersetzt durch andere zu prüfende Futtermittel A, B, C ...) auch dann anwendbar, wenn in den einzelnen Versuchen nicht die gleiche Gesamtwirkung erzielt wird, wobei jedoch zweckmäßig bei der Versuchsplanung darauf zu achten ist, daß möglichst gleiche Wirkungen erzielt werden (Futterbemessung auf der Grundlage der verdaulichen Energie).

Die Teilwirkung der Vergleichssubstanz läßt sich im Differenzverfahren ermitteln. Demzufolge läßt sich folgende Versuchsanordnung zusammenstellen, die bei der Wahl der Methodik bei Respirationsversuchen zum Zweck der Produktionswertbestimmung von Futterstoffen in den Kreis der Möglichkeiten unbedingt einzubeziehen ist:

Periode	I	GF		
„	II	GF	+	z kg V
„	III	GF		
„	IV	GF	+	y kg A
„	V	GF	+	x kg B
„	VI	GF	+	w kg C
„	VII	GF	+	z kg V
(„	VIII	GF		)

GF = Grundfutterration
V = Vergleichsfuttermittel
A, B, C = verschiedene Futtermittel

Eine solche Versuchsanordnung, die man auch als modifizierte Differenzmethodik bezeichnen könnte, würde die Vorteile der Differenz- sowie der Ersatzmethodik koppeln. Eine ähnliche Versuchsanordnung wurde bereits früher von NEHRING und SCHIEMANN (49) abgeleitet, worauf hier nur verwiesen werden soll.

b) Der Erhaltungsbedarf der Ochsen

Als KELLNER seine ersten Respirationsversuche in Möckern durchführte, hielt er sich zunächst an die KÜHNsche Versuchsmethodik. Die erste Frage, die einer Untersuchung unterzogen wurde, war die, den Bedarf an Erhaltungsfutter für den ausgewachsenen Ochsen bei Stallruhe zu ermitteln. Er knüpfte hierbei an die Arbeiten HENNEBERGs und STOHMANNs (16) sowie an die Versuche KÜHNs (24) an und bestimmte zusätzlich den Energieumsatz durch Einführung der Kalorimetrie. Da KELLNER von den KÜHNschen Versuchen die Futtermittel- und Kotproben in „tadellosem Zustand" vorfand, bestimmte er ihren Kaloriengehalt und berechnete den Energieumsatz einiger dieser Versuche, die für die Ermittlung des Erhaltungsbedarfs der Ochsen geeignet erschienen. Für diese Untersuchungen waren magere Tiere oder im schwachen Mastzustand befindliche Tiere verwendet worden. KELLNER führte dann noch 3 weitere Respirationsperioden zur Bestimmung des Erhaltungsbedarfs mit gemästeten Tieren durch. Die Ergebnisse dieser Versuche sind im 53. Bd. der Landwirtschaftlichen Versuchsstationen (S. 6—16) zusammengestellt.

Unter Ausschalten des Tieres B berechnet KELLNER im Mittel für die Tiere im schwachen Mastzustand für 632 kg Lebendgewicht einen Erhaltungsbedarf an umsetzbarer Energie von 13470 kcal/Tag, für die 3 gemästeten Tiere für 785 kg Lebendgewicht einen Erhaltungsbedarf an umsetzbarer Energie von 19670 kcal/Tag. Daraus folgert er, daß Tiere am Schluß der Mast einen höheren Erhaltungsbedarf pro Gewichtseinheit (bzw. pro Oberflächeneinheit) haben als magere Tiere.

KELLNER nimmt an, daß das Oberflächengesetz auch auf seine Versuchsergebnisse mit Wiederkäuern anwendbar ist. Er gibt daher nach Umrechnung mit der $^2/_3$-Potenz (MEEHsche Oberflächenformel) den Erhaltungsbedarf für verschiedene Gewichtsklassen beim Ochsen an. Zu erwähnen ist ferner, daß KELLNER den Erhaltungsbedarf auf der Grundlage der umsetzbaren Energie berechnet.

Die Versuche der ersten Reihe (magere Tiere) sind alle so durchgeführt, daß als alleiniges Versuchsfutter Wiesenheu oder ein Gemisch von Wiesenheu und Haferstroh bzw. von Kleeheu und Haferstroh verfüttert worden ist, wobei sich die Tiere annähernd im Erhaltungsgleichgewicht befanden (Abweichungen vom Erhaltungsgleichgewicht wurden entsprechend korrigiert). In der zweiten Versuchsreihe ist an die Tiere II und III nicht mehr Rauhfutter allein verabreicht worden, sondern es wurden noch Roggenkleie bzw. Roggenkleie und Melasseschnitzel zugefüttert. Demzufolge sind die erhaltenen Ergebnisse nicht streng vergleichbar.

Welche Schlußfolgerungen lassen sich aus den von KELLNER durchgeführten bzw. aus den von ihm herangezogenen KÜHNschen Versuchen über den Erhaltungsbedarf der Ochsen ableiten? Zunächst unterliegt die Höhe des Erhaltungsbedarfs starken individuellen Schwankungen. Für die Versuchsreihe mit den 8 mageren Tieren errechnet sich unter Ausschalten des Ergebnisses mit dem Tier B eine Standardabweichung der Einzelmessung von dem von KELLNER abgeleiteten Mittelwert (Erhaltungsbedarf 21300 kcal bei 632 kg Lebendgewicht bezogen auf 1000 kg Lebendgewicht) von 10,1%, wenn auf der Grundlage der MEEHschen Oberflächenformel mit der $^2/_3$-Potenz gerechnet wird, und von 9,9%, wenn eine lineare Beziehung angenommen wird. Daraus folgt, daß die lineare Beziehung praktisch die gleiche Standardabweichung ergibt wie die der $^2/_3$-Potenz. Es läßt sich also aus diesen Versuchen keine Oberflächenabhängigkeit des Erhaltungsbedarfs ableiten. Nun sind jedoch die Gewichtsunterschiede zwischen den einzelnen Versuchstieren nicht sehr groß; sie liegen zwischen 602 und 672 kg Lebendgewicht. Bei Hinzunahme der 3 Erhaltungsbedarfsversuche KELLNERs mit den gemästeten Tieren (Lebendgewichte 748, 750 und 858 kg) und Berechnung der Potenzfunktion, bei der die Summe der Quadrate der Abweichungen ein Minimum ergibt, erhält man folgende Funktion:

$$E = \frac{G^{1,6466}}{2,9435} - 359,$$

wobei E = Erhaltungsbedarf in kcal,
G = Lebendgewicht in kg bedeuten (Standardabweichung der Einzelmessung 8,2%).

Diese Funktion könnte zu dem Trugschluß führen, daß im Gegensatz zu den von MEEH, HOGAN u. a. aufgestellten Potenzfunktionen, bei deren Anwendung auf die energetischen Umsetzungen der Tiere der Erhaltungsbedarf pro Lebendgewichtseinheit mit Zunahme des Gewichtes geringer, der Erhaltungsbedarf pro Gewichtseinheit mit steigendem Lebendgewicht größer wird. Für eine solche Schlußfolgerung ist jedoch das hier ausgewertete Versuchsmaterial viel zu gering. Eine entsprechende Berechnung der 10 Versuche auf Grund einer linearen Abhängigkeit ergibt die Gleichung:

$$y = 22,75x - 95,$$

wobei y = Erhaltungsbedarf in kcal
x = Lebendgewicht in kg bedeuten. Die entsprechende Standardabweichung beträgt 11,2%.

Damit ist jedoch noch nicht die Frage entschieden, ob für die Berechnung des Erhaltungsbedarfs bei der Auswertung der KELLNERschen Versuche eine Potenzfunktion (KELLNER hat teilweise mit der $^2/_3$-Potenz bei der Auswertung seiner Versuche gerechnet) oder eine lineare Beziehung anzuwenden ist.

Die von KELLNER durchgeführten Grundfutterperioden bieten die Möglichkeit, den Erhaltungsbedarf der Tiere abzuschätzen, Da, wie schon früher erwähnt, in den KELLNERschen Grundfutterperioden die Tiere so gefüttert wurden, daß im Mittel etwa 4000 kcal pro Tag von den Tieren angesetzt worden sind, gibt die in diesen Perioden den Tieren zugeführte umsetzbare Energie nicht den Erhaltungsbedarf wieder. Wir müssen die Menge an umsetzbarer Energie auf das Erhaltungsgleichgewicht reduzieren, d. h. die zur Erzeugung des Ansatzes benötigte Menge an umsetzbarer Energie muß von der Energiezufuhr subtrahiert

werden, um den Erhaltungsbedarf zu ermitteln. Wir haben zu diesem Zweck einen Ansatzkoeffizienten der umsetzbaren Energie von 50% angenommen und somit den doppelten Betrag der Ansatzenergie von der zugeführten umsetzbaren Energie in Abzug gebracht. Die resultierende Differenz betrachten wir als den Erhaltungsbedarf des Tieres. Die Unsicherheit dieser Schätzung liegt größenordnungsmäßig bei etwa 600 kcal (Ansatzkoeffizient mit 10%, Ansatz durchschnittlich mit 400 kcal unsicher), d. h. etwa 5% des Erhaltungsbedarfs.
In den 36 ausgewerteten Grundfutterperioden KELLNERs beträgt das niedrigste Lebendgewicht 588 kg, das höchste 758 kg, wobei sich die Einzelgewichte ziemlich gleichmäßig in diesem nicht unbeträchtlichen Intervall verteilen. Würde nun eine Potenzabhängigkeit des Erhaltungsbedarfs im Sinne der von MEEH bzw. HOGAN aufgestellten Oberflächenformeln für diesen Gewichtsbereich gültig sein, so müßten bei Klassenzusammenfassungen die Werte der umsetzbaren Energie pro Gewichtseinheit mit steigendem Lebendgewicht abnehmen. Es ergeben sich jedoch folgende Werte:

Gewicht in kg	580–610	611–640	641–670	671–700	701–730	731–760
Erhaltungsbedarf je kg Lebendgewicht kcal	20,6	20,6	20,3	21,5	20,1	21,0
Anzahl der Versuche	4	5	9	5	7	6

Dies bedeutet, daß wir mit einer linearen Abhängigkeit in diesem Gewichtsbereich rechnen müssen. Es ergibt sich hieraus ferner, daß die von KELLNER auf Grund von 3 Versuchsergebnissen gezogene Schlußfolgerung, daß der Erhaltungsbedarf gemästeter Tiere um etwa 25% höher liegt als der von mageren Tieren, nicht richtig sein kann, da sich die Tiere in diesen Versuchen mit steigendem Lebendgewicht im allgemeinen auch im höheren Mastzustand befinden. Demzufolge müßten die Werte für den Erhaltungsbedarf von Klasse zu Klasse ansteigen. Theoretisch erscheint es möglich, daß sich die Abnahme des Erhaltungsbedarfs nach dem Oberflächengesetz (bzw. einer sonstigen Potenzfunktion) und die Zunahme desselben infolge höherer Mästung gerade zur linearen Abhängigkeit kompensieren. Dies spielt jedoch für unsere Betrachtungen praktisch keine Rolle.
Zunächst ist zu beachten, daß in den Gewichtsbereichen von 550–800 kg bei der Fettmast der Ochsen mit einer linearen Abhängigkeit zwischen Erhaltungsbedarf und Körpergewicht gerechnet werden kann.
Als zweites wesentliches Ergebnis aus diesen Versuchen ist herauszustellen, daß die Höhe des Erhaltungsbedarfs pro Gewichtseinheit verhältnismäßig großen individuellen Schwankungen unterliegt. Aus den oben angeführten 36 Grundfutterperioden berechnet sich ein durchschnittlicher Erhaltungsbedarf von 20620 kcal/Tag und 1000 kg Lebendgewicht, wobei sich als Standardabweichung

der Einzelmessung 13,6% ergibt. Ein Vergleich dieses Wertes mit dem von KELLNER aus 7 Versuchen berechneten von 21300 kcal (Standardabweichung 9,9%) zeigt, daß wir durchschnittlich mit 21 kcal Erhaltungsbedarf an umsetzbarer Energie pro kg Lebendgewicht bei dem von KELLNER für seine Versuche verwandten „Ochsenschlag" und unter den Bedingungen der Versuchsanstellung rechnen können.

Es erscheinen daher die gelegentlich erhobenen Einwendungen gegen die FINGERLINGsche Auswertung KELLNERscher Versuche hinsichtlich der linearen Ansatzkorrekturen infolge Lebendgewichtsänderungen zwischen Grundfutter- und Zulageperiode unberechtigt.

In diesem Zusammenhang ist eine Arbeit von AXELSSON und ERIKSSON (4) über den Erhaltungsbedarf der Haustiere bemerkenswert, in der diese Autoren auch zu der Schlußfolgerung gelangen, daß die von KELLNER und FINGERLING veröffentlichten Versuchsergebnisse hinsichtlich des Erhaltungsbedarfs durch eine lineare Abhängigkeit am besten wiedergegeben werden; insonderheit gilt das für das gleiche Tier. AXELSSON und ERIKSSON schreiben: „However, in an induvidual animal the need of metabolizable energy for maintenance often seems to be directly proportional to the body weight, so great deviations from this rule may occur. Concerning a population of animals, on the other hand, the exponent p in the function $ME\,(\mathrm{m}) = \mathrm{kW}^{\mathrm{p}}$ may generally lower than 1. From one population to another it may vary within wide limits, and therefore scientific work cannot be based on an exponent obtained for a population other than that in question. For practical purposes an exponent of about 0,8 seems to be usuable."

Zu den letzteren Problemen soll hier nicht weiter Stellung genommen werden, da diese Fragen hinsichtlich der dieser Arbeit zugrunde liegenden Problemstellung, nämlich der Produktionswertbestimmung von Futterstoffen bei der Fettmast ausgewachsener Tiere, keine wesentliche Rolle spielen, sofern die Differenzmethode (bzw. die vorgeschlagene Kombination zwischen Differenz- und Ersatzmethodik) Anwendung findet.

Es soll weiterhin betont werden, daß die obigen Ableitungen nicht grundsätzlich die Ungültigkeit des Oberflächengesetzes bzw. verschiedener Potenzregeln, denen man heute ein größeres Gewicht bei der Auswertung von Versuchen beimißt (vgl. z. B. eine Arbeit von M. KLEIBER (29)), beweisen, sondern lediglich aussagen, daß bei den KELLNERschen Versuchen diese Regeln nicht anwendbar sind (vgl. hierzu grundsätzlich auch die Auffassung von MØLLGAARD (37)) und daß auf Grund dieser Versuche angenommen werden kann, daß bei ähnlicher Versuchsanstellung auch mit ähnlichen Schlußfolgerungen hinsichtlich der durchzuführenden Methodik zu rechnen ist.

Aus der Höhe der Standardabweichungen ergibt sich, daß es nicht gerechtfertigt erscheint, die Verwertungskoeffizienten der umsetzbaren Energie zum Ansatz aus einzelnen Perioden so zu berechnen, daß man für den Erhaltungsbedarf Durchschnittswerte einsetzt, da die dadurch bedingte Unsicherheit sehr groß ist. Es wurde hierauf schon auf S. 32 hingewiesen. Gleiches gilt für die aus solchen Berechnungen gezogenen Schlußfolgerungen (s. S. 30ff.).

FINGERLING hat versucht, den Erhaltungsbedarf der speziell verwendeten Versuchstiere auf andere Weise zu ermitteln, nämlich indem in die Versuchsserie 2 gleiche Perioden — im allgemeinen 2 Grundfutterperioden — eingeschaltet wurden. Er teilte den Erhaltungsbedarf des Tieres in 2 Stufen ein:

1. Bruttoerhaltungsbedarf x : Berechnungsgrundlage : umsetzbare Energie
2. Nettoerhaltungsbedarf M : Berechnungsgrundlage : Nettoenergie

Zur Berechnung dieser Größen hat er folgende Formeln entwickelt:

$$x = \frac{A_1 \cdot U_2 - A_2 \cdot U_1}{A_1 \cdot L_2 - A_2 \cdot L_1} \qquad M = \frac{A_1 \cdot U_2 - A_2 \cdot U_1}{U_1 \cdot L_2 - U_1 \cdot L_1},$$

wobei die Indizes die Perioden, A = kalorischen Ansatz, U = umsetzbare Energie und L = Lebendgewicht in kg bezeichnen.

Diese Berechnungsweise hat er nicht nur auf seine eigenen Versuche bei der Auswertung, sondern auch auf einige der von KELLNER durchgeführten Respirationsversuche angewendet. Eine Zusammenstellung derjenigen Versuche aus dem KELLNERschen Versuchsmaterial, bei denen an das gleiche Tier ein- bzw. zweimal die gleiche Ration gefüttert worden ist, führt bei FINGERLINGscher Berechnungsweise zu folgender Tabelle:

Tier	Perioden	Lebendgewichte kg		Lebendgewichtsdifferenz kg	x kcal/kg	M kcal/kg	Verwertungskoeffizient
B	1/3	607,8	661,2	53,4	(- 40,3	- 5,8)	—
H	2/7	654,6	736,0	81,4	20,3	10,4	52
N	4/6	661,4	680,9	19,5	25,1	13,1	52
O	1/9	650,8	727,0	76,2	21,5	7,9	37
P	1/6	636,4	693,6	57,2	21,2	9,3	44
Q	1/8	635,7	739,7	104,0	22,1	15,5	70
S	1/4	655,0	734,7	79,7	16,7	6,6	40
T	2/5	669,9	734,3	64,4	21,3	17,9	84
U	1/4	647,5	703,0	55,5	21,3	13,7	64
U	1/7	647,5	757,6	110,1	21,4	13,7	64
U	4/7	703,3	775,6	54,6	21,4	13,8	64
V	1/4	595,7	665,3	69,6	22,7	15,6	69
V	1/7	595,7	718,8	123,1	21,4	13,4	63
V	4/7	665,3	718,8	53,5	19,5	10,1	52
W	1/4	641,3	708,4	67,1	18,5	7,9	43
X	1/4	637,3	705,6	68,3	20,1	10,6	53
Y	1/4	596,5	682,0	85,5	(- 2,6	- 0,5)	—
Y	1/7	596,5	741,9	145,4	(15,7	4,9)	—
Y	4/7	682,0	741,9	59,9	21,7	11,2	52
Z	1/4	588,2	668,3	80,1	20,9	12,2	58
Mittel (unter Ausschalten der geklammerten Werte)					21,0	11,9	56

Die Standardabweichungen (unter Ausschaltung der geklammerten Werte) errechnen sich für x zu 8,5%, für M zu 27,2% und für die Verwertungskoeffizienten zu 22%.

Der Mittelwert von x wie auch die entsprechende Standardabweichung haben praktisch die gleiche Größe wie die aus den KELLNERschen Erhaltungsbedarfsversuchen der ersten Reihe sowie aus den oben angegebenen 36 Grundfutterperioden abgeleiteten Werte.

Es erscheint jedoch nicht berechtigt, aus der zum Gesamtgewicht verhältnismäßig kleinen Lebendgewichtsänderung, die die Größe der Ansatzänderung bewirkt, auf den Erhaltungsbedarf des Tieres zu schließen, denn dem obigen Berechnungsverfahren liegt ebenfalls die Differenzmethodik zugrunde. Je näher die beiden Grundfutterperioden zueinander gelegt werden, um so größer wird der Fehler für die so berechneten Erhaltungsbedarfswerte, da die Lebendgewichtsänderung kleiner wird; um so genauer ist aber die Nettoenergiebestimmung der dazwischenliegenden Zulageperiode(n), da die Korrekturen für die Lebendgewichtsänderung kleiner werden.

Wir können diese Werte bestenfalls als gültige Korrekturwerte für die Lebendgewichtsänderungen bei der Auswertung der dazwischen liegenden Zulageperioden betrachten. Wie unsicher diese Berechnungsweise ist, zeigt sich deutlich in den M-Werten sowie in den Verwertungskoeffizienten, wo sich bei etwa dem gleichen Rationstyp Standardabweichungen der Einzelmessung von über 20% ergeben. Daß diese Abweichungen nicht individuell bedingt zu sein brauchen, sondern wahrscheinlich nur Meßfehler darstellen, soll folgende Berechnung illustrieren. In der nächsten Tabelle sind die gleichen Perioden wie in der vorhergehenden zusammengestellt. Die Unsicherheit der Ansatzdifferenz ergibt sich durch Fehlerfortpflanzung aus den Unsicherheiten der Ansatzwerte der entsprechenden Einzelperioden nach dem auf S. 38 beschriebenen Berechnungsverfahren. Durch Division der Ansatzdifferenz und ihrer Unsicherheit durch die Lebendgewichtsdifferenz der jeweiligen Perioden ergibt sich die experimentell bestimmte Ansatzänderung pro kg Lebendgewicht mit ihrer Unsicherheit.
Die Tabelle S. 63f. besagt nun, daß die Unsicherheit bei der Berechnung der Ansatzänderung pro kg Lebendgewicht sehr hoch liegt. Als Mittelwert errechnet sich $11{,}5 \pm 1{,}6$ kcal/kg.

Wie früher abgeleitet, ist der Erhaltungsbedarf in dem von KELLNER in seinen Versuchen gewählten Mastbereich der Tiere proportional dem Lebendgewicht. Daher erscheint es nach obigen Berechnungen als am besten gerechtfertigt, bei der Auswertung von Differenzversuchen zur Produktionswertbestimmung von Futterstoffen mit Mittelwerten für die Lebendgewichtsänderung zu rechnen, und zwar gilt für die KELLNERschen Versuche für die umsetzbare Energie ein Korrekturwert von 21 und für den Ansatz von 12 kcal/kg Lebendgewichtsänderung. Das entspricht einem Verwertungskoeffizienten von 57%. Es sei darauf hingewiesen, daß MØLLGAARD (38) praktisch mit dem gleichen Wert für die Ansatzkorrektur infolge Lebendgewichtsänderung in seinen Versuchen rechnet. Die Unsicherheit dieser Korrektur kann mit etwa 10–15% eingeschätzt werden (vgl. hierzu S. 58). Es sei hier jedoch einschränkend betont, daß die absoluten Zahlenwerte nur für die KELLNERsche Versuchsgruppe als

Tier	Periode	Lebendgewicht kg	Lebendgewichtsdifferenz kg	Verzehrkorrektur g C (kcal)	Ansatz ± kcal	Ansatzdifferenz ± kcal	Ansatzänderung pro kg LG ± kcal
B	I	607,8	53,4	15,7	8338,8 ± 534,1	-614,3 ± 691,8	−11,5 ± 13,0
B	3	661,2		(195,0)	8758,1 ± 439,7		
H	2	654,6	81,4	32,3	6258,3 ± 252,1	896,6 ± 378,2	11,0 ± 4,6
H	7	736,0		(401,2)	5762,9 ± 281,9		
N	4	661,4	19,5	1,1	2274,5 ± 165,2	367,4 ± 240,7	18,8 ± 12,3
N	6	680,9		(13,6)	1893,4 ± 175,1		
O	1	650,8	76,2	11,0	3148,6 ± 336,6	689,6 ± 413,2	9,0 ± 5,4
O	9	727,0		(136,6)	2595,6 ± 239,7		
P	1	636,4	57,2	4,4	3881,3 ± 365,1	702,5 ± 594,8	12,3 ± 10,4
P	6	693,6		(54,6)	3124,2 ± 469,5		
Q	1	635,7	104,0	11,8	5129,6 ± 331,6	1615,9 ± 379,1	15,5 ± 3,6
Q	8	739,7		(146,6)	3660,3 ± 183,8		
S	1	655,0	79,7	12,9	5513,8 ± 252,1	445,8 ± 435,5	5,6 ± 5,5
S	4	734,7		(160,2)	4907,8 ± 355,2		
T	2	669,9	64,4	7,9	4825,2 ± 218,6	1252,6 ± 445,4	19,5 ± 6,9
T	5	734,3		(98,1)	3670,7 ± 388,7		
U	1	647,5	55,5	7,1	4924,1 ± 238,5	761,2 ± 407,5	13,7 ± 7,3
U	4	703,0		(88,2)	4251,1 ± 330,4		
U	1	647,5	110,1	23,7	4924,1 ± 238,5	1585,5 ± 355,3	14,4 ± 3,2
U	7	757,6		(294,4)	3633,0 ± 263,3		
U	4	703,0	54,6	16,6	5251,1 ± 330,4	824,3 ± 422,5	15,1 ± 7,7
U	7	757,6		(206,2)	3633,0 ± 263,3		
V	1	595,7	69,6	9,7	5908,9 ± 236,0	1247,5 ± 537,3	17,9 ± 7,7
V	4	665,3		(120,5)	4540,9 ± 483,1		

Tier	Periode	Lebendgewicht kg	Lebendgewichtsdifferenz kg	Verzehrkorrektur g C (kcal)	Ansatz ± kcal	Ansatzdifferenz ± kcal	Ansatzänderung pro kg LG ± kcal
V	1	595,7			5908,9 ± 236,0		
			123,1	1,1		1915,8 ± 323,4	15,6 ± 2,6
V	7	718,8		(13 ,7)	4006,8 ± 221,1		
V	4	665,3			4540,9 ± 483,1		
			53,5	10,8		668,2 ± 531,3	12,5 ± 9,9
V	7	718,8		(134,0)	4006,8 ± 221,1		
W	1	641,3			4284,5 ± 223,6		
			67,1	4,9		540,9 ± 383,6	8,1 ± 5,7
W	4	708,4		(60,9)	3804,5 ± 311,7		
X	1	637,3			4567,2 ± 289,4		
			68,3	10,0		621,3 ± 339,5	9,1 ± 5,0
X	4	705,6		(124,2)	4070,1 ± 177,6		
Y	1	596,5			4484,4 ± 388,7		
			85,5	4,5		38,5 ± 481,6	(0,5 ± 5,6)
Y	4	682,0		(55,9)	4501,8 ± 284,4		
Y	1	596,5			4484,4 ± 388,7		
			145,4	19,5		1145,3 ± 495,9	(7,9 ± 3,4)
Y	7	741,9		(242,2)	3581,3 ± 308,0		
Y	4	682,0			4501,8 ± 284,4		
			59,9	15,0		1106,8 ± 419,2	18,5 ± 7,0
Y	7	741,9		(186,3)	3581,3 ± 308,0		
Z	1	588,2			6475,5 ± 408,6		
			80,1	8,3		926,7 ± 445,5	11,6 ± 5,6
Z	4	668,3		(103,1)	5651,9 ± 177,6		
						Mittel:	11,5 ± 1,6

gültig anzusehen sind. Bei späteren Versuchen mit anderen Rassen oder Typen erscheint es zweckmäßig, die Werte neu experimentell zu ermitteln.

Den bisherigen Betrachtungen lag die stillschweigende Voraussetzung zugrunde, daß der Erhaltungsbedarf des einzelnen Tieres im ausgewachsenen Zustand konstant ist, mindestens während der Versuchszeit. Ob diese Voraussetzung zutrifft, läßt sich aus den KELLNERschen Versuchen nicht ableiten, da die beobachteten Abweichungen innerhalb der Fehlergrenze liegen (siehe Ansatzkorrekturen für Lebendgewichtsänderungen). Dieses sehr wichtige Problem kann nur durch systematische Versuchsreihen derart geklärt werden, daß man in Abständen von 3—4 Monaten während einer langen Versuchszeit (1—2 Jahre) die gleichen Perioden durchführt, wobei selbstverständlich die äußeren Bedingungen, wie Tempe-

ratur, Haltung, Pflege usw., gleich sein müssen. Auf eine Vollwertigkeit der Ration ist dabei größter Wert zu legen.
Da immerhin die Möglichkeit besteht, daß sich – auf die Gewichtseinheit bezogen – der Erhaltungsbedarf des Tieres, den wir als minimalen Stoffwechsel des Tieres, bei dem es keine Produktionsleistung erzeugt, definieren wollen, ändern kann, ist bei Versuchsplanungen diesem Umstand derart zu begegnen, daß in eine Versuchsreihe möglichst viele Grundfutterperioden eingeschaltet werden. Bezeichnen wir die Periodenanordnung Grundfutter/Grundfutter + Zulage als einfachen Differenzversuch und die Anordnung Grundfutter/Grundfutter + Zulage/Grundfutter als vollständigen Differenzversuch, so ist der vollständige Differenzversuch dem einfachen unbedingt vorzuziehen, trotz des erhöhten Arbeitsaufwandes. In Form einer Versuchsreihe ist zweckmäßig folgende Periodenanordnung zu wählen:

GF/GF + Zulage 1/GF/GF + Zulage 2/GF/GF + Zulage 3 ... /GF.

Bei einer solchen Versuchsanordnung besteht die Möglichkeit, die einzelnen Zulageperioden gegen eine Reihe von Grundfutterperioden im Differenzverfahren auszuwerten, wodurch eine weitere Kontrollmöglichkeit der Versuchsergebnisse gegeben ist. Außerdem werden die Korrekturen für verändertes Lebendgewicht in einer solchen Versuchsanordnung klein, wodurch die Sicherheit der Versuchsergebnisse vergrößert wird. Weiterhin bietet eine solche Versuchsanordnung die Möglichkeit, die verschiedenen Grundfutterperioden im Differenzverfahren zur Berechnung der Lebendgewichtskorrektur (LK) nach $LK = \frac{\Delta A}{\Delta G}$ heranzuziehen. Aus den Streuungen der berechneten LK-Werte läßt sich die Sicherheit der durchgeführten Grundfutterperioden ableiten, wodurch eine weitere Kontrollmöglichkeit vorhanden ist (vgl. hierzu NEHRING und SCHIEMANN (49)). Dies schließt jedoch nicht aus, daß jeder Einzelversuch über die verschiedenen Bilanzen (Kohlenstoff-, Stickstoff-, Sauerstoff- und Kalorienbilanz) hinsichtlich der Übereinstimmung mit dem Energieerhaltungsgesetz kontrolliert werden muß.
Eine solche Versuchsserie läßt sich in verschiedene vollständige Differenzversuche aufteilen, wobei der Zeitaufwand für einen vollständigen Differenzversuch bei Versuchen mit Ochsen mit 100–120 Tagen angesetzt werden muß. Bei bilanzierter Fütterung wird man damit rechnen können, daß während dieser Zeit der Erhaltungsbedarf des Tieres keinen wesentlichen Veränderungen unterliegt, sofern die Umweltbedingungen soweit als möglich konstant gehalten werden.
Im Zusammenhang mit dem Erhaltungsbedarf der Tiere seien im folgenden noch einige Fragen der Auswertung von Respirationsversuchen zum Zweck der Produktionswertbestimmung von Futterstoffen bei der Fettmast ausgewachsener Ochsen erörtert.

KELLNER ist bei der Auswertung seiner Versuche zunächst von der Einzelperiode ausgegangen und hat unter Einsetzen von Mittelwerten für den Erhaltungsbedarf des Tieres die Verwertung der umsetzbaren Energie zum Ansatz errechnet. Auf die Unsicherheit der so berechneten Verwertungskoeffizienten wurde bereits auf S. 32 hingewiesen. FINGERLING hat sich diesem Verfahren weitgehend angeschlossen. Das von den beiden Forschern verwendete Berechnungsschema ergibt sich aus der folgenden Übersicht:

	Grundfutter-periode	Zulage-periode
Umsetzbare Energie	u kcal	u_1 kcal
Erhaltungsbedarf (LG×21,3 kcal bzw. Umrechnung mit $^2/_3$-Potenz)	x ,,	x_1 ,,
Für Ansatz verfügbar	$u-x$,,	u_1-x_1 ,,
Im Ansatz (Fett + Protein)	a ,,	a_1 ,,
Angesetzt in %	$\frac{a \cdot 100}{u-x}$	$\frac{a_1 \cdot 100}{u_1-x_1}$

Hierauf wird nun die Differenzmethodik angewendet. Für die Zulage ergibt sich:

	Umsetzbare Energie kcal	Ansatz kcal
Differenz der Perioden	u_1-u	a_1-a
Lebendgewichtskorrektur	$+(x_1-x)$	$+(x_1-x) \cdot \frac{a \cdot 100}{u-x}$
Futterverzehrkorrekturen	$+f$	$+f \cdot \frac{a \cdot 100}{u-x}$

Die Summierung der Werte ergibt die umsetzbare Energie der Zulage (u_z) sowie den durch die Zulage bewirkten Ansatz (a_z), woraus sich die prozentuale Verwertung zu $\frac{a_z}{u_z} \cdot 100$ errechnet.

Es wird also bei diesem Aufrechnungsschema der Umweg über die Verwertung der umsetzbaren Energie zum Ansatz von der Einzelperiode aus gemacht. Abgesehen davon, daß dieses Verfahren sehr umständlich erscheint, ist es auch nicht korrekt, da infolge des experimentell nicht bestimmten Erhaltungsbedarfs willkürlich eine Unsicherheit in die Rechnung hereingebracht wird. Für zukünftige Versuche dürfte es angebracht sein, sich dem folgenden Auswertungsschema, wie es im Prinzip von MØLLGAARD verwendet wird, anzuschließen:

Periode	Ration kg	Zulage-futter-mittel kg	Umsetz-bare Energie kcal	Fett-ansatz kcal	Protein-ansatz kcal	Ther-mische Energie kcal	Lebend-gewicht kg
Zulage	r_1	z_1	u_1	a_{f1}	a_{p1}	t_1	G_1
Grundfutter	r	z	u	a_f	a_p	t	G
Differenz	r_1-r	z_1-z	u_1-u	$a_{f1}-a_f$	$a_{p1}-a_p$	t_1-t	G_1-G
Lebendgewicht-korrektur				$+G \cdot 12$		$-G \cdot 12$	
Für die Zulage	Δr	Δz	u_z	a_{fz}	a_{pz}	t_z	

Ist Δr ungleich Δz, so ist eine entsprechende Futterverzehrkorrektur einzuführen; diese läßt sich jedoch, wie auf S. 27 ausgeführt, im allgemeinen vermeiden. (Gegebenenfalls sind noch weitere Korrekturen, wie Depressionskorrekturen, Korrekturen der umsetzbaren Energie auf N-Gleichgewicht, Korrekturen für die Differenzen zwischen stofflicher und energetischer Bilanz usw. in dieses Schema einzuführen.)

Beim vollständigen Differenzversuch, bei dem eine zweifache Aufrechnung möglich ist, sind die Werte für die Lebendgewichtskorrektur durch LK · ΔG zu ersetzen, wobei LK die aus den beiden Grundfutterperioden berechnete Ansatzänderung pro kg bedeutet. Ist a_{pz} im Verhältnis zu a_{fz} klein, so ist man berechtigt, die Werte zusammenzufassen und als Nettoenergie (Fett) in Rechnung zu stellen. Anderenfalls sind die auf S. 52 gemachten Ausführungen zu berücksichtigen.

Bei dieser Form der Auswertung von Differenzversuchen wird der Erhaltungsbedarf des Tieres bis auf die durch die möglichst klein zu haltenden Lebendgewichtsänderungen zwischen Grundfutter- und Zulageperiode bedingte Ansatzänderung eliminiert, wodurch die Ergebnisse klarer und übersichtlicher werden.

Von FINGERLING wurde mehrfach auch bei der Auswertung KELLNERscher Versuche die gute Übereinstimmung in der Berechnung des Produktionswertes von Futterstoffen bei der Aufrechnung gegen zwei Grundfutterperioden als Beweis dafür angegeben, daß die Versuchsfehler gering sind, wobei die Lebendgewichtskorrekturen aus den beiden Grundfutterperioden errechnet worden sind. Es liegt auf der Hand, daß eine solche Berechnung praktisch übereinstimmende Werte liefern muß; dadurch können jedoch über die Versuchsfehler direkt keine Aussagen gemacht werden.

Fassen wir kurz zusammen, so haben die KELLNERschen Versuche ein Bild über die Höhe des Erhaltungsbedarfs von ausgewachsenen Ochsen bei Stallruhe gegeben. Ferner zeigen sie, daß im eingehaltenen Mastbereich der Erhaltungsbedarf bei Einzeltieren etwa proportional dem Lebendgewicht ansteigt, daß jedoch die Höhe des Erhaltungsbedarfs nicht unerheblichen individuellen Schwankungen unterliegt. Bei straffer Versuchsplanung kann beim Differenzverfahren zur Bestimmung des Produktionswertes von Futterstoffen der Einfluß des Erhaltungsbedarfs weitgehend ausgeschaltet werden, wobei für die Auswertung die direkte Anwendung der Differenzauswertung der von KELLNER bzw. FINGERLING eingeführten Auswertungsmethodik von der Einzelperiode her vorzuziehen ist.

c) Versuche mit reinen Nährstoffen

Nachdem KELLNER seine Erhaltungsbedarfsversuche abgeschlossen hatte, stellte er sich die Aufgabe, den Fettansatzwert der reinen Nährstoffe bei der Mast ausgewachsener Ochsen zu ermitteln. Von KÜHN war dieses Problem schon in Angriff genommen worden, da er experimentell beweisen wollte, daß der tierische Organismus in der Lage ist, aus Kohlenhydraten Körperfett aufzubauen. KÜHN hatte diese Frage rein stofflich betrachtet und festgestellt, daß Ochsen aus 1 kg verdaulicher Stärke, gereicht als Zulage zu einem Grundfutter, das den Erhaltungsbedarf deckt, etwas mehr als 200 g Körperfett erzeugen. Ähnliche Feststellungen wurden von KÜHN bei der Zufütterung von Kleber gemacht, wobei jedoch der Fettansatz etwas hinter dem der Stärke zurückblieb.
Neben die stoffliche Betrachtungsweise stellte nun KELLNER die energetische, nachdem er die Kalorimetrie in den Kreis der Untersuchungen einbezogen hatte.
In den ersten Versuchsreihen mit reinen Nährstoffen hatte KELLNER mehr die Wirkung der Gesamtration mit weitem und engem Nährstoffverhältnis im Auge. Die Erfassung der Teilwirkung der reinen Nährstoffe war dann naheliegend, wobei die Differenzmethode als geeignete Meßmethodik von KELLNER angewendet wurde.
Als KELLNER die Untersuchungen mit dem Respirationsapparat begann, hatte sich für die Bewertung der Futterstoffe bzw. für die Fütterung der landwirtschaftlichen Nutztiere die Rechnung mit verdaulichen Nährstoffen durchgesetzt. Es galt also zunächst, den Produktionswert der reinen isolierten Nährstoffe zu ermitteln, um dann durch Untersuchung des Produktionswertes der einzelnen Futterstoffe Beziehungen zwischen ihrem Gehalt an verdaulichen Nährstoffen und der Leistungsgröße der reinen isolierten Nährstoffe zu finden. Dies waren die Grundgedanken, von denen sich KELLNER im großen und ganzen bei seinen Versuchsplanungen leiten ließ.

Stärke

Besonders eingehend hat KELLNER das Fettansatzvermögen der Stärke untersucht, denn mit Stärkemehlzulage sind von ihm Versuche mit 9 Tieren durchgeführt worden. Auffallend ist dabei, daß KELLNER bis zum Jahre 1900 bei jedem Versuchstier (B—K) eine Periode mit Stärkemehlzulage durchgeführt hat. Da KELLNER bei Herausgabe seines Lehrbuches im Jahre 1905 das Fettproduktionsvermögen der Stärke beim ausgewachsenen Ochsen als Grundlage seines Futterbewertungssystems gewählt hat, ist wahrscheinlich, daß ihn der Grundgedanke schon bei den ersten Versuchsplanungen leitete. Stärke hat den Vorteil, daß sie verhältnismäßig einfach isoliert werden kann und ein weitgehend einheitliches Material darstellt. Versuchstechnisch ist jedoch die Stärke schwierig, da durch Zufütterung größerer Mengen reiner Kohlenhydrate die Verarbeitungsvorgänge im Pansen beeinflußt werden. Bei allen KELLNERschen Versuchen mit Stärkemehlzulage sind mehr oder weniger große Verdauungsdepressionen in den anderen Nährstoffgruppen des Grundfutters zu beobachten. Es müssen folglich Depressionskorrekturen bei der Ansatzberechnung eingeführt werden, die nur geschätzt werden können, wodurch die errechneten Ansatzwerte mit einer zusätzlichen Unsicherheit behaftet sind.

Bekanntlich hat KELLNER aus seinen Versuchen ein Fettbildungsvermögen der Stärke beim ausgewachsenen Ochsen von 248 g Körperfett entsprechend 2356 kcal pro kg verdaulicher Stärke abgeleitet, wobei diese Größe als 1 Stärkewert in die Fütterungslehre eingegangen ist. Es dürfte von großem Interesse sein, wie KELLNER zu diesem Wert gekommen ist.

Im Anschluß an S. 10 im ersten Band der Festschrift zum 100jährigen Bestehen der Landwirtschaftlichen Versuchsstation Leipzig-Möckern (50) ist ein Faksimile aus den Aufzeichnungen KELLNERs über die Berechnung der Verwertung der Stärke abgedruckt. Das Ergebnis dieser Berechnungen hat KELLNER den Angaben seines Lehrbuches zugrunde gelegt. Diese Aufrechnung ist insofern von besonderer Bedeutung, als KELLNER hier von der vorher von ihm (z. B. im Bd. 53 der Landwirtschaftlichen Versuchsstationen) eingeschlagenen Auswertungsmethode in einigen Punkten abweicht. Der besseren Übersicht wegen sei es gestattet, im folgenden die Faksimileaufzeichnungen im Prinzip in der von KELLNER gewählten Form nochmals zusammenzustellen (s. S. 70).

In der Spalte 2 sind zu den experimentell ermittelten Ansatzdifferenzen zwischen Zulage- und Grundfutterperiode (ohne Berücksichtigung von Verzehrkorrekturen) die Lebendgewichtskorrekturen zugefügt. Letztere sind so berechnet, daß das Produkt aus Spalte 3 und Spalte 7 jeweils mit 0,213 kcal multipliziert worden ist, wobei das Produkt aus 0,213 mal Spalte 7 in Spalte 8 zusammengefaßt ist. Dies bedeutet, daß als Korrektur für die umsetzbare Energie 21,3 kcal/kg Lebendgewichtsänderung von KELLNER eingesetzt worden sind, daß er hier also die Korrektur proportional dem Lebendgewicht — entgegen seinen ersten Veröffentlichungen, bei denen die Korrekturen mit einer $^2/_3$-Potenz berechnet worden sind — vorgenommen hat. Gleiches gilt für die Berechnung des Erhaltungsbedarfs in Spalte 5, in der KELLNER den Betrag an „ansatzfähiger Energie" der Grundfutterperiode berechnete. Der Quotient aus Spalte 6 und Spalte 5 mal 100 ergibt Spalte 7, d. h. ergibt den Verwertungskoeffizienten der „berechneten" umsetzbaren Energie zum Ansatz in der Grundfutterperiode.

Um nun zu einem Mittelwert für das Fettproduktionsvermögen der Stärke bei der Mast ausgewachsener Ochsen zu kommen, hat KELLNER zunächst die für verändertes Lebendgewicht korrigierten Ansatzwerte sämtlicher Versuche addiert, d. h. er hat die Summe der Einzelversuche als einen einzigen Großversuch auf-

Berechnung der Verwertung der Stärke (nach KELLNER).

Tier	Ansatzdifferenz — Lebendgewichts-korrektur kcal	Lebendgewichtsdifferenz zwischen Grundfutter- und Zulageperiode kg	Lebendgewicht in der Grundfutterperiode kg	Umsetzbare Energie — Erhaltungsbedarf (Grundfutterperiode) kcal	Ansatz in der Grundfutterperiode kcal	Verwertungskoeffizient der Grundfutterperiode %	„Faktor" (Spalte 7 × 0,213)
1	2	3	4	5	6	7	8
B	2468,6 – 297,0 2171,6	– 34,2	672,3	28660,4 14320,0 14320,4	5846,2	40,77	8,684
C	1408,5 566,2 1974,7	49,5	603,9	26788,9 12863,1 13925,8	7477,9	53,70	11,438
D	2152,7 559,7 2712,4	45,2	684,3	25958,2 14575,6 11382,6	6616,6	5813,	12,382
F	3329,3 187,8 3517,1	21,3	596,5	17669,9 12705,4 4974,5	2058,7	41,39	8,816
G	3589,7 211,5 3801,2	23,1	621,6	17375,8 13240,1 4135,7	1777,5	42,98	9,155
H	3751,7 – 65,8 3685,6	– 4,8	668,9	17442,7 14247,6 3195,1	2057,1	64,38	13,713
J	2694,3 – 86,9 2607,4	– 7,7	635,1	17871,4 13527,6 4343,8	2301,5	52,98	11,285
K	2963,5 873,7 3837,1	59,6	678,2	17669,3 14445,7 3223,6	2218,5	68,82	14,659

Σ der Ansätze	24307,3 kcal	Insgesamt verdaute Mengen an
Depressionskorrektur	3193,0 kcal	N-freien Extraktstoffen 11667 g
	27500,3 kcal	27500,3 : 11667 = 2,357 kcal

gefaßt. Gleichfalls hat er die in den einzelnen Zulageperioden mehr verdauten Mengen an N-freien Extraktstoffen addiert. Da in sämtlichen Versuchen Verdauungsdepressionen der anderen Nährstoffgruppen des Grundfutters beobachtet wurden, hat KELLNER die Summe der Ansatzwerte derart korrigiert, daß pro g Depression 2,2 kcal zum Ansatz addiert wurden. Insgesamt ergibt sich eine Depressionskorrektur von 3193 kcal entsprechend 11,6% der korrigierten Ansatzsumme. Division der korrigierten Ansatzsumme durch die Summe der verdauten N-freien Extraktstoffe ergibt 2,357 kcal/g, d. h. die Nettoenergie (Fett) der Stärke. Da KELLNER mit einem Brennwert für das Körperfett von 9500 cal/g gerechnet hat, ergibt sich stofflich gesehen ein Fettansatzwert pro kg verdaulicher Stärke von 248,1 g — oder abgerundet: 248 g Körperfett entsprechend $248 \times 9{,}5 = 2356$ *kcal*. Der Brennwert der organischen Substanz der von KELLNER in seinen Versuchen verwendeten Stärke liegt bei 4180 cal/g. Demzufolge errechnet sich ein Verwertungskoeffizient von 56,4%.
Die Besonderheit der Auswertung dieser Versuche mit Stärkemehlzulage liegt darin, daß KELLNER die 8 Einzelversuche als einen Großversuch auffaßte und daß er zur Berechnung des Erhaltungsbedarfs unter Einsetzen eines Mittelwertes Proportionalität zwischen Lebendgewicht und Erhaltungsbedarf angenommen hat (vgl. hierzu die Ausführungen im vorigen Kapitel über den Erhaltungsbedarf der Ochsen).
Man kann gegen eine solche Auswertung der Versuche gewisse Einwendungen machen, da die Einzelwerte methodisch mit verschiedenen Unsicherheiten behaftet sind und außerdem individuelle Einflüsse des Tieres in den einzelnen Versuchsergebnissen verankert sein können. Demzufolge läßt sich für diese berechnete mittlere Nettoenergie der Stärke die Sicherheit des Ergebnisses nicht ableiten. Die Aufrechnungen KELLNERs zeigen auch, wie unsicher das Verfahren der Berechnung der Verwertungskoeffizienten (s. S. 32) aus Einzelperioden durch Einsetzen von Mittelwerten für den Erhaltungsbedarf ist. Da bei den Versuchen der Rationstyp der Grundfutterperioden etwa gleich ist, steht zu erwarten, daß die Verwertungskoeffizienten der Grundfutterperioden die gleiche Größenordnung haben. Die berechneten Werte liegen dagegen zwischen 40,8 und 68,8%, d. h. diese Berechnungsgrundlage ist abzulehnen.
Um nun die Streubreite der Versuche zu ermitteln, ist eine Auswertung über die Einzelversuche geboten. Auf S. 42 sind die Ansatzwerte der Stärke bei den einzelnen Versuchen mit ihrer berechneten Unsicherheit wiedergegeben. Unter Hinzuziehen des Versuches mit dem Ochsen Y beträgt der mittlere Ansatzwert aus den 9 durchgeführten Versuchen 235 kcal/100 g verdaulicher organischer Substanz, also fast der gleiche Wert, zu dem KELLNER gekommen ist. Aus den berechneten Unsicherheiten ergibt sich eine Standardabweichung der Einzelmessung von 19,1%, während der Mittelwert mit 93,6% gesichert ist. Aus den absoluten Ansatzwerten errechnet sich eine Standardabweichung von 15,0% und für den Mittelwert eine Sicherung von 95,0%. Aus diesen Versuchen fällt das Ergebnis mit dem Tier K stark heraus; es scheint, daß bei diesem Tier ein besonders hohes individuelles Verwertungsvermögen für die Stärke vorliegt.

Die Ursachen der hohen Streubreite dieser Versuche sind im folgenden zu suchen:

1. Die Höhe der Zulage ist im Verhältnis zum Grundfutter in diesen Versuchen klein, da sie zwischen 2,0 und 2,5 kg liegt. Im Mittel errechnet sich ein täglicher Ansatzwert der Zulage von 2950 kcal. Ein Vergleich dieses Wertes mit den Angaben auf S. 45 ergibt theoretisch eine Unsicherheit der Einzelmessung von 14,7%, die mit den obigen Werten ziemlich übereinstimmt.
2. Die verhältnismäßig hohen Verdauungsdepressionen von mehr als 10% zeigen, daß Wechselbeziehungen zwischen Grundfutterrationen und Zulagerationen bestehen.

Die Höhe des Proteinansatzes zum Gesamtansatz ergibt sich aus den Angaben auf S. 49. Wir ersehen daraus, daß er zwischen −11 und +20% variiert. Unter Berücksichtigung dieses Proteinansatzes nach den Angaben auf S. 33 errechnet sich ein mittlerer Fettproduktionswert der Stärke von 228 kcal/100 g verdaulicher organischer Substanz. Die Mittelwerte des Produktionswertes der Stärke mit und ohne Berücksichtigung des Proteinansatzes weichen folglich nicht wesentlich voneinander ab, so daß wir mit einem mittleren Fettproduktionswert der Stärke von 220−250 kcal/100 g verdaulicher organischer Substanz rechnen können.

Für die Verwertungskoeffizienten der umsetzbaren Energie zum Ansatz ergibt sich nach der KELLNER-FINGERLINGschen Berechnungsweise

ohne Berücksichtigung des Proteinansatzes 61,3 ± 8,4%
(Standardabweichung 13,6%)
mit Berücksichtigung des Proteinansatzes 60,0 ± 8,2%
(Standardabweichung 13,6%)

Zusammenfassend ist festzustellen, daß es auf Grund der Streuung der Ergebnisse wünschenswert erscheint, in breit angelegten Versuchen diese Grundzahl erneut zu überprüfen und weiter zu sichern.

Verzuckerte Stärke und Zucker

KELLNER wollte weiterhin ermitteln, ob durch die Aufspaltung der Stärke in ihre Bausteine die Verwertung verändert wird. Er hat 2 Versuche mit verzuckerter Stärke mit den Tieren Y und Z durchgeführt. Die Ergebnisse (202,5 und 124,5 kcal/100 g verdaul. org. Substanz) weichen jedoch so stark voneinander ab, daß über die Höhe der Verwertung der Glukose aus diesen Versuchen keine Aussagen gemacht werden können. Bei dem Tier Y, bei dem auch eine Stärkemehlperiode durchgeführt worden ist, scheint durch die Verzuckerung die Verwertung nicht beeinflußt worden zu sein. Es ist aber gewagt, aus einem Einzelversuch diese Frage beantworten zu wollen.

Ähnlich liegen die Versuchsergebnisse beim Rohrzucker. KELLNER hat in 3 Versuchen zum Grundfutter 2 kg Rohrzucker (Nachprodukt) zugelegt. Daraus hat er unter Ausschalten des Versuches mit dem Tier N einen Produktionswert des Zuckers von 1786 kcal entsprechend 188 g Körperfett pro Kilo verdaulicher organischer Substanz bei einer Verwertung der umsetzbaren Energie zum Ansatz

von 45,2% abgeleitet. Einheitlich ausgewertet, errechnen sich unter Ausschalten des Versuches mit dem Tier N (82 kcal Ansatzwert pro 100 g verdaulicher organischer Substanz) als Ansatzwerte 180 bzw. 167 kcal pro 100 g verdaulicher organischer Substanz, im Mittel also 174 kcal. Da diesem Mittelwert nur zwei Versuchsergebnisse zugrunde liegen, ist er als noch nicht ausreichend gesichert anzusehen, so daß eine erneute Überprüfung erforderlich erscheint. Entsprechendes gilt für die Verwertungskoeffizienten (s. S. 49).
Bei den Versuchen mit Zucker ist auffällig, daß der Proteinansatz im Verhältnis zum Gesamtansatz mehr als 20% beträgt. Ob diese Werte als Zufallswerte anzusehen sind oder ob eine futterspezifische Beeinflussung vorliegt, muß in weiteren Versuchen geklärt werden.

Strohstoff

Bei der Fütterung der Wiederkäuer macht die Rohfaser einen wesentlichen Teil der Nahrung aus. KELLNER wollte prüfen, wie hoch die Verwertung bei isolierter Rohfaser liegt. Er ließ zu diesem Zweck Roggenstroh alkalisch unter Druck extrahieren, d. h. es wurde ein alkalischer Strohaufschluß gemacht. Den gut gewaschenen und getrockneten Extraktionsrückstand bezeichnete KELLNER als Strohstoff und führte mit diesem Material 2 Respirationsversuche durch. Die Analyse dieses Produktes ergab für die Hauptnährstoffgruppen folgende Werte:

Rohfaser	76,8%
N-freie Extraktstoffe	20,0%
Pentosane (furfurolgebende Substanz)	32,1%

Aus den Isolierungsbedingungen und aus den Ergebnissen der Analyse können wir folgern, daß das Material in der Hauptsache aus reiner Zellulose, Oxyzellulosen sowie aus Pentosanen bestand.
KELLNER hat als mittleren Produktionswert für diese Substanz 253 g Körperfett pro kg bei einem Verwertungskoeffizienten von 57% angegeben. Die Ansatzwerte der beiden Versuche (259 bzw. 220 kcal pro 100 g verdaulicher organischer Substanz) weichen um 11,5% voneinander ab, wobei die Fehlerbetrachtung (s. S. 45) eine Standardabweichung von 8% ergibt. Da die Ansatzsteigerung durch die Zulage in beiden Versuchen beträchtlich ist, sind diese Ergebnisse als weitgehend gesichert anzusehen. Unter Berücksichtigung der Umrechnung des Proteinansatzes auf Nettoenergie (Fett) (s. S. 49) ergibt sich ein mittlerer Ansatzwert pro 100 g verdaulicher organischer Substanz von 226 kcal, also praktisch der gleiche Wert, der für die Stärke abgeleitet wurde. Die Verwertung der höheren Kohlenhydrate (Stärke, Zellulose, wahrscheinlich auch Oxyzellulose und Pentosane) in reiner isolierter Form bei der Fettmast der Wiederkäuer ist also größenordnungsmäßig gleich.

Kleber

Mit Kleber als Zulage sind von KELLNER 4 Respirationsversuche durchgeführt worden. Hieraus errechnete KELLNER einen Fettproduktionswert des Klebers

von 235 g Körperfett entsprechend 2233 kcal pro kg. Aus den Einzelversuchen (s. S. 42) ergibt sich ein Produktionswert von 218 kcal/100 g verdaulicher organischer Substanz, wobei jedoch die berechneten Unsicherheiten der Versuche mehr als 20% betragen. Aus den absoluten Einzelwerten errechnet sich eine Standardabweichung von 19,1%, so daß der Mittelwert nur mit etwa 90% gesichert ist. Ein spezifischer Einfluß der Kleberzulage auf den Fleischansatz ist nicht erkennbar. Eine Umrechnung des Proteinansatzes auf Fettansatz vermindert den kalorischen Ansatzwert des Klebers um 15 kcal, d. h. um etwa 6%, liegt also noch im Bereich der Unsicherheit der Versuchsergebnisse. Der mittlere Verwertungskoeffizient liegt bei etwa 40%.
Da der erste Versuch mit dem Tier B (Per. 1) stark herausfällt (Ansatzwert 157 kcal/100 g verdaulicher organischer Substanz), läßt sich aus diesen Versuchen nicht folgern, daß der Fettproduktionswert des Proteins niedriger als der der Stärke liegt. Der von KELLNER benutzte Umrechnungsfaktor von 0,94 ist daher nur mit gewissen Vorbehalten anwendbar.
Zusammenfassend ist hier das gleiche zu sagen wie bei der Stärke, daß es auf Grund der Streuung der Ergebnisse erforderlich ist, diese Grundzahl erneut zu überprüfen und weiter zu sichern.

Erdnußöl

Mit Zulage von Erdnußöl — gereicht als Emulsion — hat KELLNER 3 Versuche durchgeführt. Die Streuung der Ergebnisse dieser Versuche beträgt etwa 20%.
KELLNER gab in seinem Lehrbuch den Fettproduktionswert des Erdnußöls mit 598 g Körperfett entsprechend 5685 kcal/kg verdauten Öls bei einem Verwertungskoeffizienten von 64,4% an. Unter Berücksichtigung der nicht unerheblichen Depressionswirkungen errechnet sich aus den 3 Einzelversuchen im Mittel ein Produktionswert von 643 kcal/100 g verdaulichen Öls. Korrektur des Proteinansatzes auf Fettansatz vermindert diesen Wert um 40 kcal, d. h. um etwa 6%.
Hieraus ist ersichtlich, daß den Versuchen mit Erdnußölzulage nicht unerhebliche Unsicherheiten zuzuschreiben sind, die zu einem großen Teil methodischer Natur sind. Demzufolge sind die von KELLNER festgesetzten Umrechnungsfaktoren für das Fett zur Berechnung des Stärkewertes von 2,41 für Futterstoffe mit einem Fettgehalt von mehr als 5% (Ölsamen), 2,12 für die Körnerfrüchte und 1,91 für die Rauhfutterstoffe und Wurzelfrüchte ebenfalls mit einer Unsicherheit von etwa 20% behaftet, zumal die letzten beiden Faktoren nur geschätzt sind, so daß eine erneute experimentelle Bestimmung in breit angelegten Versuchsreihen als dringend erforderlich erscheint.
Werden die Betrachtungen über die Fettansatzwerte der reinen Nährstoffe zusammengefaßt, so ist folgendes herauszustellen:

1. Die Streubreite in diesen Versuchen ist verhältnismäßig hoch; es erscheint aber möglich, in zukünftigen Versuchen durch Verbesserung der Methodik die Streubreite einzuengen.

2. In der Verwertung der höhermolekularen Kohlenhydrate (Stärke, Zellulose, evtl. Pentosane) bestehen nach diesen Untersuchungen keine gesicherten Unterschiede. Bekanntlich hat KELLNER für das Fettproduktionsvermögen der Stärke 236 kcal und für den Strohstoff (hauptsächlich bestehend aus aufbereiteter Zellulose) 240 kcal pro 100 g verdaulicher organischer Substanz als Mittelwerte aus seinen Versuchen errechnet. Bei zukünftigen Versuchen steht zu erwarten, daß die resultierenden mittleren Fettproduktionswerte dieser Substanzen größenordnungsmäßig zwischen 220—250 kcal/100 g verdaulicher organischer Substanz gefunden werden.
3. Für den Produktionswert des Kleberproteins ergibt sich gegenüber dem der höhermolekularen Kohlenhydrate kein gesicherter Unterschied.
4. Der Fettproduktionswert des Zuckers liegt unterhalb dem der Stärke, wobei der von KELLNER aus zwei Versuchen abgeleitete Mittelwert noch nicht ausreichend gesichert erscheint und erneut zu überprüfen ist.
5. Beim Fett ist mit etwa dem doppelten Fettproduktionsvermögen der Stärke zu rechnen. Die einzelnen von KELLNER angegebenen Umrechnungsfaktoren für die Berechnung des Stärkewertes bedürfen einer experimentellen Untermauerung.

Insgesamt gesehen, erscheint es erforderlich, die Grundzahlen sämtlicher Fettproduktionswerte der reinen Nährstoffe in breit angelegten Versuchsreihen erneut zu überprüfen und weiter zu sichern. Auf die methodischen Schwierigkeiten sowie auf die methodischen Möglichkeiten wurde bereits im Kapitel über die Versuchsmethodik (s. S. 29f.) hingewiesen.

d) Versuche mit verschiedenen Futterstoffen

Von der 3. Versuchsreihe ab (Tier F und folgende) hat KELLNER neben der Prüfung des Produktionswertes der reinen Nährstoffe auch den Fettproduktionswert von verschiedenen Futterstoffen bei der Mast ausgewachsener Ochsen bestimmt. Er versuchte, Beziehungen zwischen dem Gehalt der Futterstoffe an verdaulichen Nährstoffen und der Verwertungsgröße der reinen isolierten Nährstoffe zu finden. KELLNER schreibt hierzu in seinem Lehrbuch (19): „Aus den vorangegangenen Darlegungen“ (Verwertung der reinen Nährstoffe)“ hat sich ergeben, daß aus je 100 g isoliert verabreichten verdauten Nährstoffen — wenn dieselben als Zulagen zu einem den Erhaltungsbedarf überschreitenden Grundfutter gegeben wurden — am erwachsenen Rind folgende Beträge im Fleisch und Fettansatz wiedergefunden wurden:

Eiweiß	224 kcal	= 23,5 g Fett
Fett	450—570 „	= 47,4—59,8 g Fett
Stärkemehl + Rohfaser	236 „	= 24,8 g Fett
Rohrzucker	179 „	= 18,8 g Fett

Eine große Anzahl von Untersuchungen, welche der Verfasser in Gemeinschaft mit A. KÖHLER u. a. in den letzten 7 Jahren mit ausgewachsenen Schnitt-

ochsen durchgeführt hat, setzt uns nun in den Stand zu erkennen, ob die in den gewöhnlichen Futtermitteln erhaltenen, der Verdauung anheimfallenden Nährstoffgruppen ebenso oder anders wirken, wie die o. a. Vertreter dieser Gruppen."
KELLNER war nun bemüht, aus den verschiedenen Futtermittelgruppen den Fettproduktionswert typischer Vertreter zu untersuchen, und er kam zu dem Schluß, daß bei einigen Futtermittelgruppen „fast vollkommene Übereinstimmung" zwischen dem aus dem Gehalt an verdaulichen Nährstoffen aus obigen Zahlenwerten errechneten und im Tierversuch bestimmten Ansatzwert besteht, daß aber bei einer Reihe von Futterstoffen — insbesondere den rohfaserreichen — der im Tierversuch bestimmte Ansatzwert wesentlich niedriger liegt als der aus den verdauten Nährstoffen berechnete.
Die ersteren bezeichnete KELLNER als vollwertig. Er führte in Konsequenz dieser Gedankengänge den „Wertigkeitsbegriff" ein, wobei die vollwertigen Futterstoffe gleich 100 gesetzt wurden und die übrigen Futterstoffe eine — gemäß der im Tierversuch beobachteten Produktionswirkung gegenüber der aus den verdaulichen Nährstoffen berechneten — niedere Wertigkeitszahl erhielten.
Bekanntlich hat KELLNER dann der energetischen Bewertung der Futterstoffe das Fettansatzvermögen der Stärke zugrunde gelegt und den Produktionswert der Futterstoffe in kg Stärkewert ausgedrückt. Diese Begriffe sowie auch die Berechnung des Stärkewertes sind im allgemeinen so geläufig, daß hier nicht weiter darauf eingegangen werden soll. Im Kapitel über die Stärkewertlehre KELLNERs ist noch darauf zurückzukommen. Es sei hier noch darauf hingewiesen, daß KELLNER bei der Berechnung des Stärkewertes resp. der Wertigkeit mit verdaulichem Reinprotein rechnete, während FINGERLING den Gehalt an verdaulichem Rohprotein der Berechnung zugrunde legte. Die folgenden berechneten Wertigkeitszahlen gründen sich auf das letztere Verfahren.
Im folgenden sollen an Hand der von KELLNER durchgeführten Respirationsversuche mit verschiedenen Futterstoffen die Grundlagen kritisch untersucht werden, die ihn zur Aufstellung der Stärkewertlehre geführt haben. Insgesamt liegen 71 auswertbare Respirationsversuche mit Futterstoffen, von KELLNER durchgeführt, vor, wobei er 36 Futtermittelarten untersucht hat. Bei einigen Futtermittelarten handelt es sich um Parallelversuche, bei einer Reihe anderer nur um Einzelversuche. Demzufolge läßt sich im allgemeinen die Sicherheit der Versuchsergebnisse nicht aus Parallelversuchen ableiten, sondern es ist insbesondere auf die früher berechneten (s. S. 42f.) Fehlergrößen der einzelnen Versuche bei der Beurteilung der Ergebnisse zurückzugreifen.

1. Kraftfutterstoffe

In dieser Gruppe sind die von KELLNER untersuchten eiweißreichen Kraftfutterstoffe (verschiedene Ölkuchen und Ackerbohnen) sowie Getreidearten einschließlich des durch seinen verhältnismäßig hohen Fett- und Proteingehalt ausgezeichneten Reisfuttermehls zusammengefaßt.
Die berechneten Unsicherheiten der Einzelversuche liegen durchschnittlich bei 11% der kalorischen Ansatzwerte. Demzufolge sind die Wertigkeitszahlen

Tier	Periode	Futtermittel	Verdauungskoeffizient der organischen Substanz	Verwertungskoeffizient %	Ansatz/100 g Trockensubstanz kcal	StW/100 kg Trockensubstanz	Ansatz/100 g verdaulicher organischer Substanz kcal	Proteinansatz %	Wertigkeit	Wertigkeit nach KELLNER
T	3	Erdnußmehl	78	59	180	76	246 ± 24	17	98	98
T	4	Erdnußmehl	77	54	174	74	242 ± 19	10	97	
M	9	Erdnußmehl	84	50	155	66	194 ± 27	11	74	
R	6	Kokoskuchenmehl	75	50	173	73	248 ± 27	7	86	100
M	7	Palmkernmehl	66	63	174	74	277 ± 22	7	102	100
M	8	Baumwollsaatmehl	71	58	186	79	280 ± 34	10	96	97
N	7	Leinkuchenmehl	77	57	196	83	250 ± 24	14	98	96
R	5	Ackerbohnenschrot	75	53	155	66	216 ± 25	14	87	97
N	2	Reisfuttermehl	56	66	158	67	331 ± 24	7	108	100
P	2	Reisfuttermehl	68	66	192	81	316 ± 37	0	105	
U	6	Gerstenschrot	85	60	195	83	239 ± 28	8	100	99
V	6	Gerstenschrot	83	58	190	81	239 ± 21	4	102	
P	3	Roggenschrot	76	56	156	65	209 ± 36	10	84	95

größenordnungsmäßig mit der gleichen Unsicherheit behaftet, woraus zu folgern ist, daß diese Werte nicht signifikant verschieden sind. Insgesamt gesehen, kann festgestellt werden, daß diese Gruppe der Futterstoffe als „vollwertig" anzusehen ist. KELLNER hat ebenfalls bei den Tabellenangaben in seinem Lehrbuch für das Kokoskuchenmehl, Ackerbohnenschrot und Roggenschrot nicht die in seinen Einzelversuchen bestimmten Wertigkeitszahlen eingesetzt, sondern er hat diese praktisch auf „Vollwertigkeit" erhöht. Zahlenmäßige Angaben von Wertigkeitsunterschieden bis zu 5% haben praktisch in dieser Gruppe keine Bedeutung, weil die Unsicherheit der vorliegenden Bestimmungen größer ist.
Betrachten wir die experimentellen Grundlagen, von denen KELLNER bei der Bewertung der Kraftfutterstoffe ausgegangen ist, so ist festzustellen, daß diese verhältnismäßig gering sind. KELLNER hat 9 verschiedene Futtermittelarten, von denen bei 3 Arten die experimentellen Ergebnisse von ihm nicht übernommen worden sind, untersucht und er hat laut Tabellenangaben in seinem Lehrbuch die Wertigkeitszahlen von annähernd der 10fachen Menge von Futtermittelarten dieser Gruppe geschätzt.

Daher erwächst der Forschung auf diesem Gebiet als vordringliche Aufgabe, das experimentelle Material für die Bewertung der Futterstoffe in umfangreichen Respirationsversuchen zu erweitern, wobei die Untersuchungsergebnisse der einzelnen Futterstoffe durch eine entsprechende Anzahl von Paralleltieren gesichert werden müssen. Aus den von KELLNER durchgeführten Untersuchungen läßt sich die Größenordnung der Verwertung der verschiedenen Futterstoffe entnehmen.
Aus der vorigen Tabelle ergibt sich, daß der Proteinansatz im Verhältnis zum Gesamtansatz bei den Ölkuchen bei durchschnittlich 10% liegt. Eine Umrechnung auf Nettoenergie (Fett) würde den Ansatz um etwa 6% erniedrigen. Bei den Getreidearten ist der Proteinansatz durchschnittlich etwas niedriger.
Bemerkenswert erscheint ferner, daß beim Reisfuttermehl trotz erheblicher Unterschiede in der Verdaulichkeit die Verwertung der verdauten Nährstoffe praktisch gleich ist. Dieselbe Beobachtung ist bei den Versuchen mit Kartoffeln (s. S. 79) zu machen. Dies deutet darauf hin, daß sich Verdaulichkeit und Verwertung nicht beeinflussen.

2. Knollen- und Wurzelfrüchte

Aus der Gruppe der Knollen- und Wurzelfrüchte hat KELLNER die für die Fütterung wichtigsten Arten in Respirationsversuchen untersucht. Es liegen hier meist Parallelversuche vor, deren Ergebnisse aber teilweise nicht unerheblich voneinander abweichen. Zur besseren Übersicht sind wie bei den Kraftfutterstoffen die Ergebnisse dieser Versuche tabellarisch zusammengestellt, wobei im Anschluß an die Knollen- und Wurzelfrüchte die Schnitzel sowie die Versuche mit dem getrockneten ungewaschenen und dem getrockneten gewaschenen Rübenkraut besprochen werden sollen.
KELLNER hat für die Kartoffeln eine Wertigkeit von 100 in seinem Lehrbuch angegeben. Im Mittel der 5 durchgeführten Versuche mit Kartoffeln bzw. -flocken oder -schnitzeln errechnet sich eine Wertigkeit von 108.
Da der Mittelwert mit etwa $\pm 8\%$ unsicher ist, können wir bei den Kartoffeln mit einer Vollwertigkeit rechnen. Der Proteinansatz liegt bei den Kartoffelversuchen niedrig, so daß eine Korrektur des Ansatzwertes auf Nettoenergie (Fett) die Ergebnisse nur geringfügig ändern würde. Diese Änderung ist wesentlich niedriger als die Fehlerbreite der Versuchsergebnisse.
Bei den Versuchen mit den rohen Kartoffeln liegt die Verdaulichkeit beim Tier P außerordentlich niedrig, eine Beobachtung, die häufig zu machen ist. Trotzdem scheint, worauf bereits hingewiesen worden ist, die Verwertung der umsetzbaren Energie durch die schlechte Verdaulichkeit nicht beeinflußt worden zu sein.
Bei den anderen Knollen- und Wurzelfrüchten liegt die Wertigkeit deutlich niedriger als 100. Gründe für die Minderwertigkeit sind nicht erkennbar, denn die Kau- und Verdauungsarbeit müßte etwa die gleiche sein wie bei den Kartoffeln. Es muß späteren Versuchen vorbehalten bleiben, die Gründe für die Minderwertigkeit zu klären, wobei man insbesondere nach Beziehungen zwischen dem

chemischen Aufbau der organischen Substanz und der Verwertungsgröße über den intermediären Stoffwechsel zu suchen hat.
Es ergibt sich ferner, daß die Ergebnisse dieser Versuche eine hohe Streubreite aufweisen. Ob diese Streuung individuell oder methodisch bedingt ist, läßt sich nicht klar entscheiden.
Mit Topinambur hat KELLNER 3 Versuche durchgeführt, bei denen das Ergebnis des 2. Versuchs mit dem Tier W von den anderen beiden abweicht.

Tier	Periode	Futtermittel	VC der organischen Substanz	Verwertungskoeffizient %	Ansatz/100 g Trockensubstanz kcal	StW/100 kg Trockensubstanz	Ansatz/100 g verdaulicher organischer Substanz kcal	Proteinansatz %	Wertigkeit	Wertigkeit nach KELLNER
P	4	Kartoffeln, roh	60	65	137	58	243 ± 68	-10	104	
O	4	Kartoffeln, roh	80	66	178	75	233 ± 31	5	100	
U	2	Kartoffelflocken	78	69	203	86	271 ± 23	3	117	100
U	3	Kartoffelschnitzel	81	62	196	83	255 ± 29	2	110	
V	3	Kartoffelschnitzel	90	66	227	96	269 ± 33	5	111	
W	2	Topinambur	85	49	159	67	197 ± 25	13	86	
W	6	Topinambur	81	29	75	32	99 ± 25	23	40	92
X	2	Topinambur	81	51	152	65	201 ± 28	3	88	
Y	2	Kohlrüben	84	53	157	67	206 ± 31	18	87	85
Z	2	Kohlrüben	84	37	107	45	140 ± 65	13	57	
Y	3	Mohrrüben	91	45	147	62	179 ± 29	6	88	87
Z	3	Mohrrüben	89	47	144	61	178 ± 20	3	87	
W	3	Runkelrüben	88	39	113	48	143 ± 25	9	74	
X	3	Runkelrüben	87	38	110	47	140 ± 21	11	74	70–74
Q	5	Runkelrüben	85	45	123	52	156 ± 23	1	86	
K	5	Trockenschnitzel	80	58	137	58	180 ± 17	21	76	
M	6	Trockenschnitzel	81	33	93	39	122 ± 27	20	52	78
Q	7	Trockenschnitzel	74	50	131	56	184 ± 20	7	77	
Q	9	Trockenschnitzel gequollen	74	26	70	30	99 ± 22	22	42	—
Q	6	Sauerschnitzel	82	58	168	71	212 ± 21	7	92	90
V	5	Rübenbl. getr. ungew.	72	41	104	36	157 ± 43	11	71	—
U	5	Rübenbl. getr. gew.	73	60	128	54	230 ± 34	18	107	--

KELLNER hat diesen Versuch bei der Auswertung ausgeschaltet. Im Mittel der beiden anderen Versuche errechnet sich eine Wertigkeit von 87. Wenn KELLNER in seinem Lehrbuch eine solche von 92 angibt, so liegt es daran, daß er diese in seinen letzten Lebensjahren durchgeführten Versuche nur überschlagsmäßig – ohne Berücksichtigung von Verzehrkorrekturen usw. – ausgewertet hat. Der Proteinansatz liegt bei den Versuchen mit dem Tier W verhältnismäßig hoch. Eine Umrechnung auf Nettoenergie (Fett) erniedrigt in Periode 2 den Ansatzwert der verdaulichen organischen Substanz um 15 kcal entsprechend 8%.

Die Ergebnisse der beiden Versuche mit Kohlrüben weichen stark voneinander ab. KELLNER hat den Versuch mit dem Tier Z bei der Auswertung ausgeschaltet. Bei beiden Versuchen ist der Proteinansatz im Verhältnis zum Gesamtansatz beträchtlich. Da bei dem Tier Z die Versuchsunsicherheit sehr hoch liegt, ist dem Ergebnis des Versuchs mit dem Tier Y ein größeres Gewicht zuzuschreiben.

Der Parallelversuch mit Mohrrüben zeigt eine ausgezeichnete Übereinstimmung. Auch hier ist eine Wertigkeitsminderung von 13% festgestellt worden. Der Proteinansatz ist in diesen Versuchen sehr niedrig.

Die Versuche mit Runkelrüben ergeben deutlich eine Wertigkeitsminderung. Die Differenzen in den Versuchsergebnissen liegen innerhalb der – verhältnismäßig hohen (15%) – methodischen Unsicherheit der Versuche. KELLNER hat in seinem Lehrbuch die Wertigkeit der Runkeln für verschiedene Größen als unterschiedlich angegeben. Experimentelle Ergebnisse liegen diesen Einzelangaben nicht zugrunde. Es ist hier darauf hinzuweisen, daß MØLLGAARD für die Rüben mit einer wesentlich höheren Wertigkeit (87) rechnet.

Bei den Versuchen mit Trockenschnitzeln streuen die Ergebnisse nicht unerheblich. KELLNER hat von 4 Versuchen bei der Auswertung 2 ausgeschaltet. Die Wertigkeit ist daher nicht ausreichend gesichert. Einsäuerung der Schnitzel scheint die Verwertung zu erhöhen. Es ist aber gewagt, aus einem Einzelversuch mit Sauerschnitzeln diese höher zu bewerten als die Trockenschnitzel, wie es von KELLNER angegeben worden ist. In diesem Zusammenhang ist auf Versuche von MØLLGAARD (13, 40) mit verschiedenen Silagen hinzuweisen, der zu extrem hohen Wertigkeitszahlen für einige Silagen kommt.

Verhältnismäßig hoch liegt der prozentuale Proteinansatz in diesen Versuchen. Es ergibt sich hier eine gewisse Parallele zu den Versuchen mit Rohrzucker (s. S. 73). Demnach deuten auch diese Versuche darauf hin, daß bei Zufütterung größerer Mengen niedermolekularer Kohlenhydrate der Fleischansatz gegenüber dem Fettansatz begünstigt wird. Letzteres ist vorläufig nur als Arbeitshypothese zu betrachten und muß durch weitere Versuche geklärt werden.

Die Versuche mit dem gewaschenen und ungewaschenen Trockenblatt (Zuckerrübenblätter mit Köpfen, künstlich getrocknet) wurden von KELLNER auf Anregung der Praxis durchgeführt. Die Ergebnisse der beiden Versuche weichen stark voneinander ab. Es erscheint nicht gerechtfertigt, diese Abweichungen nur auf hohen Sandanteil zurückzuführen, denn einmal liegen die berechneten Unsicherheiten der Versuche (15 und 27%) sehr hoch, und außerdem ist kaum anzunehmen, daß getrocknete Rübenblätter eine Wertigkeit von mehr als 100 haben sollen. Die Ergebnisse dieser beiden Versuche sind für die Auswertung ungeeignet.

Insgesamt gesehen, ist bei der Gruppe der Knollen- und Wurzelfrüchte das experimentelle Material für die energetische Bewertung dieser Futterstoffe als noch nicht ausreichend anzusehen. Zukünftige Versuche müssen das Fundament ausbauen. Weiterhin erwächst der Forschung die wichtige Aufgabe, nach Beziehungen zwischen der energetischen Teilwirkung der verschiedenen Futterstoffe bei der Mast ausgewachsener Tiere und ihrem chemischen Aufbau zu suchen.

KELLNER hat auch bei einer Reihe der verschiedenen Knollen- und Wurzelfrüchte die Wertigkeit aus sonstigen Erfahrungen heraus geschätzt, ohne daß experimentelle Versuchsergebnisse mit dem Respirationsapparat vorliegen. Insbesondere ist die große Gruppe der verschiedenen Silagefuttermittel bisher systematisch in Respirationsversuchen nicht untersucht worden.

3. Kleien und andere Rückstände der Nahrungsmittelindustrie

In der folgenden Tabelle sind die von KELLNER durchgeführten Respirationsversuche mit verschiedenen Rückständen der Nahrungsmittelindustrie zusammengestellt.

Tier	Periode	Futtermittel	VC der organischen Substanz	Rohfaser %	Verwertungskoeffizient %	Ansatz/100 g Trockensubstanz kcal	StW/100 kg Trockensubstanz	Ansatz/100 g verdaulicher organischer Substanz kcal	Proteinansatz %	Wertigkeit	Wertigkeit nach KELLNER
R	1	Roggenkleie	65	6,0	38	97	41	157 ± 38	21	64	79–80
T	1	Roggenkleie	74	6,0	48	127	54	182 ± 28	25	74	
N	3	Roggenkleie	68	5,4	54	141	60	220 ± 20	16	90	
M	3	Roggenkleie	67	5,4	43	109	46	172 ± 30	8	72	
M	2	Weizenkleie	61	11,3	37	86	37	153 ± 30	23	62	77
N	2	Weizenkleie	68	11,6	56	150	64	239 ± 29	1	97	
N	1	Malzkeime	66		65	152	65	247 ± 22	17	105	75
M	1	Malzkeime	66		38	92	39	149 ± 27	32	63	
W	5	Malzkeime	71		23	120	51	181 ± 27	15	76	
F	6	Melasse	89		60	185	78	238 ± 27	18	105	87
H	6	Melasse	94		83	265	112	310 ± 44	7	134	
J	6	Melasse	89		55	153	65	189 ± 28	12	80	
R	4	Biertreber	58		49	133	56	230 ± 38	6	96	87
O	12	Maisschlempe	72		47	176	75	247 ± 36	–11	90	90
K	6	Kartoffelpülpe	63		51	132	56	224 ± 24	22	97	95

In dieser Gruppe weichen, sofern Parallelversuche durchgeführt worden sind, die Ergebnisse verhältnismäßig stark voneinander ab. Es scheint, daß sich bei einigen Versuchen spezielle individuelle Einflüsse der verwendeten Versuchstiere bemerkbar machen. Sowohl bei den Versuchen mit Roggen- und Weizenkleie als auch mit Malzkeimen liegen die Ergebnisse des Produktionswertes bei dem Tier M erheblich niedriger als bei den entsprechenden Paralleltieren. Dagegen sind die Werte mit dem Tier N sehr hoch.

Nicht unerheblich streut auch der prozentuale Proteinansatz in diesen Versuchen. Die von KELLNER in seinem Lehrbuch für diese Futterstoffe angegebenen Wertigkeitszahlen hat er nur teilweise auf der Grundlage seiner eigenen Versuche berechnet; zu einem anderen Teil sind sie aus sonstigen Erfahrungen heraus von ihm geschätzt worden.

Insgesamt gesehen, sind die experimentellen Unterlagen zur Bewertung der verschiedenartigen Rückstände der Nahrungsmittelindustrie auf der Grundlage von Respirationsversuchen als nicht zureichend anzusehen. Daher sei auch von einer Diskussion der einzelnen untersuchten Futterstoffe Abstand genommen. Ein außerordentlich breites Arbeitsfeld liegt vor uns, die experimentellen Unterlagen zur Bewertung der Futterstoffe in Respirationsversuchen zu erweitern, zumal bei dieser Gruppe von Futterstoffen infolge wechselnder Fabrikations- und Gewinnungsmethoden die Forschung mit der Nahrungs- und Futtermittelindustrie ebenfalls zeitlich eng zusammenarbeiten muß.

4. *Rauhfutterstoffe*

Bei der Fütterung der Wiederkäuer bilden die verschiedenen Rauhfutterarten die Grundlage der Ration. Diese Futterstoffe haben daher in der Wiederkäuerfütterung besondere Bedeutung. KELLNER hat im Anschluß an seine Versuche mit reinen Nährstoffen in den ersten Versuchsreihen die Untersuchungen verschiedener Rauhfutterstoffe zwecks Ermittlung ihres Produktionswertes mit Hilfe des Respirationsversuches vorgenommen. Die Ergebnisse dieser Versuche sind in der Tabelle S. 83 wiedergegeben.

KELLNER war bemüht, die verschiedenen Rauhfutterstoffe jeweils parallel zu untersuchen. Dies gelang jedoch nicht immer, da z. B. bei den Versuchen mit Grasheu, Kleeheu und Grummet das entsprechende Paralleltier (Ochse L) als Versuchstier ausgeschaltet werden mußte (nicht quantitativer Verzehr der Ration, später erkrankt).

Betrachten wir die Ansatzwerte der verdauten organischen Substanz mit ihren berechneten Unsicherheiten, so liegen mit Ausnahme der Parallelversuche mit den Tieren H und J die Abweichungen der Parallelbestimmungen innerhalb der Fehlergrenze. Die Unsicherheit des Einzelergebnisses ist insbesondere bei den Stroharten hoch. Die Gründe hierfür wurden bereits früher (s. S. 46) erörtert. Demzufolge sind die daraus abgeleiteten Werte, wie Wertigkeit, Rohfaserabzug usw., ebenfalls mit erheblichen Unsicherheiten behaftet. Bei den Tieren H und J ist beim Wiesenheu ein großer individueller Unterschied in der Verwertung der verdauten Nährstoffe festzustellen.

Tier	Periode	Futtermittel	Verdauungskoeffizient der organischen Substanz	Rohfaser %	Verwertungskoeffizient %	Ansatz/100 g Trockensubstanz kcal	StW/100 kg Trockensubstanz	Ansatz/100 g verdaulicher organischer Substanz kcal	Proteinansatz %	Rohfaserabzug kcal/g	Wertigkeit	Wertigkeit nach KELLNER
F	1	Wiesenheu	55	33	43	78	33	155 ± 27	44	1,0	65	49 bis 78 je nach Qualität
G	2	Wiesenheu	58	33	35	76	32	141 ± 21	27	1,5	59	
H	2	Wiesenheu	66	31	51	120	51	194 ± 18	14	0,9	81	
H	7	Wiesenheu	68	31	49	129	55	205 ± 18	5	0,7	85	
J	2	Wiesenheu	69	31	36	85	36	131 ± 21	24	2,2	56	
K	1	Grasheu	63	29	40	85	36	153 ± 21	21	1,7	64	
K	2	Grummet	56	28	39	73	31	148 ± 16	18	1,6	62	
K	3	Kleeheu	56	30	41	82	35	156 ± 19	21	1,5	66	60–74
F	2	Haferstroh	47	39	40	68	29	157 ± 25	21	0,9	66	43
G	1	Haferstroh	46	39	38	56	24	135 ± 41	37	1,2	55	
H	1	Weizenstroh	42	47	11	11	5	27 ± 37	–25	1,9	11	32
J	1	Weizenstroh	47	47	23	33	14	75 ± 30	11	1,6	31	
O	2	Weizenstroh	36	45	22	24	10	74 ± 47	7	1,2	31	
O	6	Gerstenstroh	50	36	46	78	33	163 ± 27	18	1,0	68	46
M	4	Sägemehl	5	71	neg.	—	—	neg.	—	—	—	—

Insgesamt gesehen, ergibt sich bei allen Versuchen ein mehr oder weniger hoher Produktionsausfall der beobachteten Ansatzwerte gegenüber den aus den verdauten Nährstoffen errechneten (siehe Wertigkeit). Besonders hoch liegt dieser Produktionsausfall beim Winterhalmstroh. KELLNER führte diesen Produktionsausfall auf eine Erhöhung der Kau- und Verdauungsarbeit sowie auf eine Vermehrung der Fäulnisvorgänge im Verdauungssystem zurück.

Eine Bewertung der Rauhfutterstoffe, insbesondere der verschiedenen Heuarten, stößt deshalb auf erhebliche Schwierigkeiten, weil diese von sehr unterschiedlicher botanischer und chemischer Zusammensetzung bzw. auch von sehr unterschiedlicher physikalischer Beschaffenheit sein können. Es ist also unmöglich, für einzelne Heuarten generell gültige Produktionswertangaben zu machen. Ein im Respirationsversuch experimentell bestimmter Produktionswert einer Heuprobe läßt sich auf andere Heuarten nicht ohne weiteres übertragen.

In klarer Erkenntnis dieser Schwierigkeiten hat nun KELLNER versucht, Beziehungen zwischen den experimentell bestimmten Produktionswerten verschiedener Rauhfutterstoffe und ihrer chemischen Zusammensetzung zu finden. Bestehen ausreichend gesicherte Beziehungen dieser Art, so kann man theoretisch den Produktionswert einer in Frage kommenden Probe errechnen, falls die (chemische) Bezugsgröße experimentell ermittelt worden ist. KELLNER folgerte aus seinen Versuchen, daß der beobachtete Produktionsausfall in Beziehung zum Rohfasergehalt des entsprechenden Rauhfuttermittels steht. Er schreibt [20]: „In der Tat zeigt sich, wenn man diesen Verhältnissen nachspürt, daß der beobachtete Produktionsausfall zu keinem anderen Bestandteil, weder zu den Pentosanen noch zu den stickstofffreien Extraktstoffen in so guter Beziehung steht wie zu dem Gehalt an Rohfaser.“

Die nun folgenden Ausführungen gelten der Sicherheit dieser Beziehungen. In der drittletzten Spalte der obigen Tabelle ist der Produktionsausfall, der sich für 1 g verzehrte Rohfaser gegenüber dem aus dem Gehalt an verdaulichen Nährstoffen errechneten theoretischen Produktionswert ergibt, aufgenommen worden. Die Zahlen differieren zwischen 0,7 und 2,2 kcal/g verzehrter Rohfaser. Im Mittel errechnet sich ein Produktionsausfall von 1,4 kcal/g verzehrter Rohfaser, wobei die Standardabweichung der Einzelmessung $\pm 33\%$ beträgt, während der Mittelwert mit 91% gesichert ist.

Dies würde bedeuten, daß für ein mittelgutes Wiesenheu mit einem Rohfasergehalt von 30% bei einer Verdaulichkeit der organischen Substanz von 60% die Unsicherheit in der Berechnung des Stärkewertes mittels des „Rohfaserabzugs“ etwa $\pm 15\%$ beträgt. Diese Unsicherheit ist besonders für wissenschaftliche Arbeiten, die auf berechneten Stärkewerten resp. Produktionswerten basieren, als hoch anzusehen.

Ob diese Unsicherheit auf eine unterschiedliche Produktionswirkung der einzelnen Rauhfuttermittel zurückzuführen ist oder ob ein wesentlicher Betrag nur auf methodischen Fehlern beruht, läßt sich aus dem vorhandenen Versuchsmaterial nicht exakt differenzieren. Die hohen Versuchsfehler machen es jedoch wahrscheinlich, daß die Werte für den Produktionsausfall pro verzehrter Rohfaser nicht in dem berechneten Maße zwischen den verschiedenen Rauhfutterstoffen variieren. Als Anhaltspunkt kann folgende Überlegung herangezogen werden: Bilden wir aus den Parallelversuchen die Mittel für den jeweiligen Produktionsausfall (wie es von KELLNER gemacht worden ist) und betrachten die Mittelwerte als Einzelwerte, so verringert sich bei gleichem mittleren Betrag für den Produktionsausfall/g verzehrter Rohfaser die Standardabweichung der Einzelmessung auf 18%, und die Sicherung des Mittelwertes erhöht sich auf 94%.
Aus diesen Betrachtungen folgt, daß die vorhandenen experimentellen Unterlagen noch nicht ausreichend sind, das Problem der Bewertung der Rauhfutterstoffe befriedigend zu lösen. Der Rohfaserabzug KELLNERs kann nur als ein zur Zeit noch notwendiges Hilfsmittel betrachtet werden, das mit nicht unerheblichen Unsicherheiten behaftet ist. Einmal sind die Mittelwerte zu wenig gesichert, zum anderen ist die Rohfaser keine einheitliche Substanz, sondern sie kann sehr verschieden chemisch zusammengesetzt sein.

Es ist also eine weitere wichtige Aufgabe der Forschung auf diesem Gebiet, den Produktionswert von Rauhfutterstoffen verschiedener Gruppen (Wiesenheu, Leguminosenheu, Winterhalmstroh, Sommerhalmstroh usw.) mit einer entsprechend (s. S. 46ff.) hohen Anzahl von Tieren gesichert experimentell mittels Respirationsversuchen zu ermitteln und nach Beziehungen zu der chemischen

Zusammensetzung zu suchen. Ob man dabei mit dem Rohfaserbegriff auskommt, steht noch in Frage.

Bei der Gruppe der Heuarten und des Sommerhalmstrohs fällt auf, daß der Proteinansatz im Verhältnis zum Gesamtansatz sehr hoch liegt. Im Mittel beträgt bei diesen Futterstoffen der Anteil des Proteinansatzes vom Gesamtansatz 23%. Wir sind also nicht mehr berechtigt, die ermittelten Ansatzwerte mit genügender Annäherung als Fettproduktionswerte aufzufassen. Nach der auf S. 33 gemachten Arbeitshypothese über die Umrechnung von Proteinnettoenergie auf Fettnettoenergie würden im Mittel die Fettproduktionswerte um 13% niedriger liegen als die kalorischen Ansatzwerte, eine Größenordnung, die nicht mehr zu vernachlässigen ist. Eine entsprechende Berechnung des Produktionsausfalls pro verzehrter Rohfaser mit den korrigierten Ansatzwerten (Fett) erscheint nicht lohnend, weil die Einzelunsicherheiten zu groß sind. Nach diesen Untersuchungen ist es als wahrscheinlich anzusehen, daß durch Zufütterung von Heu bzw. Sommerhalmstroh der Fleischansatz futterspezifisch positiv beeinflußt wird. Diesem Problem ist weiter nachzugehen.

Wie bereits erwähnt, hat KELLNER den Produktionsausfall der rohfaserreichen Futterstoffe zu einem Teil auf eine Erhöhung der Kauarbeit zurückgeführt. Um den kalorischen Aufwand dieser Mehrarbeit zu ermitteln, hat er 6 Respirationsversuche mit gemahlenen Stroharten sowie einen Versuch mit Weizenspreu durchgeführt. KELLNER gibt in seinem Lehrbuch an, daß bei den gemahlenen Stroharten der Produktionsausfall pro verzehrter Rohfaser etwa um die Hälfte kleiner ist als beim gehäckselten Material (Produktionsausfall/g verzehrter Rohfaser von 0,70 kcal gegenüber 1,36 kcal). Bei einheitlicher Auswertung dieser Versuche errechnen sich für den Rohfaserabzug Werte, die stärker variieren als sie von KELLNER in seinem Lehrbuch angegeben worden sind (KELLNER hat bei der Einzelauswertung der Versuche verschiedene Respirationstage ausgeschaltet). Diese Werte müssen folglich als zu wenig gesichert angesehen werden, so daß sich aus diesen Versuchen keine genauen Angaben über die Höhe des Kauaufwandes ableiten lassen. Von einer tabellarischen Zusammenstellung dieser Versuche ist daher Abstand genommen worden.

Hinzuweisen ist noch auf den in obiger Tabelle aufgenommenen Versuch mit Sägemehlzulage. Bei diesem Versuch wurde der Ansatz des Grundfutters infolge Sägemehlfütterung geringfügig vermindert.

Mit Grünfutterstoffen sind von KELLNER keine Versuche durchgeführt worden, weil die methodischen Schwierigkeiten sehr groß sind. Es bleibt zukünftigen Versuchen vorbehalten, experimentell gesicherte Bewertungsunterlagen für diese Gruppe von Futterstoffen zu erstellen, wobei methodisch insbesondere die Verlangsamung der Vegetation in den letzten Herbstmonaten auszunutzen ist.

Zusammenfassend sei über die Versuche mit verschiedenen Futterstoffen hervorgehoben, daß die experimentelle Grundlage zur Bewertung der Futterstoffe noch als verhältnismäßig klein anzusehen ist und daß es eine der vordringlichsten Aufgaben der Forschung auf diesem Gebiet sein wird, diese experimentellen Grundlagen durch breit angelegte Respirationsversuche weiter zu sichern, sie auszubauen und teilweise neu zu erstellen. Die Versuchsergebnisse KELLNERs werden dabei als sehr wichtige allgemeine Anhaltspunkte über die Höhe der Verwertung der verschiedenen Futtermittelgruppen dienen. Wenn KELLNER als genialer Forscher auf der Grundlage dieser Versuche ein allgemeines Futterbewertungssystem aufgebaut hat, so hat er intuitiv den Weg gewiesen, den es nun zu bereinigen und zu verbreitern gilt.

e) Methodische Untersuchungen

Neben den methodischen Untersuchungen über den Erhaltungsbedarf der Ochsen, die bereits früher besprochen worden sind, hat KELLNER mit dem Tier S eine Periodenfolge durchgeführt, um zu ermitteln, ob die Höhe der Verwertung durch die Höhe der Ration beeinflußt wird. Der Versuchsplan war folgender:

Zu einem gemischten Grundfutter, bestehend aus 5 kg Wiesenheu, 3 kg Melasseschnitzeln, 2 kg Roggenkleie, 0,8 kg Baumwollsaatmehl und 40 g Kochsalz wurden in der 2. Periode 40%, in der 3. Periode nur 20% der Grundfuttermischung zugelegt. Als 4. Periode wurde eine Wiederholung der Grundfutterperiode (Per. 1) durchgeführt.

Eine Auswertung dieser Versuchsfolge ergibt ungesicherte Resultate. Dies zeigt sich schon bei den beiden Grundfutterperioden, aus denen sich eine Ansatzkorrektur für verändertes Lebendgewicht von 6,6 kcal/kg errechnet, ein Wert, der nur etwa 50% des früher abgeleiteten Mittelwertes beträgt. Als Ansatzenergie pro 100 g verdaulicher organischer Substanz ergibt sich bei der hohen Zulage (40% des Grundfutters) ein Wert von 237 kcal, bei der niedrigen Zulage (20% des Grundfutters) ein solcher von 144 kcal, wobei insbesondere in der 2. Zulageperiode die Unsicherheit des Versuchs 30% der Ansatzenergie beträgt. Es lassen sich aus dieser Versuchsfolge also keine Schlüsse ziehen, ob Proportionalität zwischen der Höhe der Zulage und der Höhe der Nettoenergie besteht, ein Problem, das unbedingt weiter verfolgt werden muß. Zu methodischen Einzelheiten dieses Problems wurde bereits im Kapitel über die Versuchsmethodik Stellung genommen.

DIE STÄRKEWERTLEHRE KELLNERS

Die Stärkewertlehre formte KELLNER bereits bei der ersten Auflage seines 1905 erschienenen Lehrbuches „Die Ernährung der Landwirtschaftlichen Nutztiere". Die Beweggründe für die damals revolutionierend wirkende Umgestaltung der Tierernährungslehre stellte KELLNER sehr klar im Vorwort zur ersten Auflage dar. Er schreibt: „Zu einer Zusammenfassung des bisher Erreichten erscheint der gegenwärtige Zeitpunkt besonders geeignet. Es ist durch die Untersuchungen des Verfassers über die Verwertung der einzelnen Nährstoffe und ganzer Futtermittel eine weitere Stufe in unserer Kenntnis der Vorgänge im Tierkörper erreicht und erkannt worden, daß die Futterzumessung nach verdaulichen Nährstoffen auf unrichtigen Voraussetzungen beruht. Der Gehalt der Futtermittel an verdaulichem Material deckt sich nicht mit ihrer Nährwirkung, vielmehr spielen hier der Verarbeitungsaufwand, die Fäulnis- und Zersetzungsvorgänge im Futterbrei und andere Dinge eine nicht zu unterschätzende Rolle. Die Untersuchung dieser Verhältnisse bei den hauptsächlichsten Vertretern der verschiedenen Futtermittelgruppen hat den Verfasser in den Stand gesetzt, die Wertschätzung der Futterstoffe und die Futterberechnung nunmehr auf die im Tiere selbst ermittelten Produktionswirkungen zu gründen. Das vorliegende Buch verläßt daher das bisher befolgte schablonenmäßige Verfahren, die verdaulichen Nährstoffe zur alleinigen Grundlage zu nehmen und geht dazu über, die Eigenart jedes Futtermittels näher festzulegen und mit denjenigen Werten zu rechnen, von welchen die tierischen Leistungen abhängen. Manche Lücken, die noch der Ausfüllung harren, dürfen uns nicht davon abhalten, den als richtig erkannten Weg auch wirklich zu betreten; ist die Zahl der auf ihre Leistung untersuchten Futtermittel auch noch keine sehr große, so erreicht sie doch bereits annähernd denselben Stand, bei welchem man vormals die Rechnung mit Rohnährstoffen aufgab und das Futter nach seinem Gehalte an verdaulichen Nährstoffen zu bemessen anfing. Der neue Weg ist bereits so weit gangbar und sicher, daß er der Praxis geöffnet werden kann.

Neben dem Stoffumsatz, welcher bisher allein in der landwirtschaftlichen Fütterungslehre Berücksichtigung gefunden hat, sucht das vorliegende Lehrbuch auch die Verhältnisse des *Energieumsatzes* allenthalben zur Klärung der Vorgänge im Tierkörper heranzuziehen. Vieles, was bei der bisherigen einseitigen Behandlung der Tatsachen — bei der ausschließlichen Betrachtung des Stoffwechsels — unklar und undurchsichtig geblieben ist, wird durch die Betrachtung des Kraftwechsels dem Verständnis erheblich näher gerückt; ja die Fortschritte, welche in letzter Zeit auf dem Gebiet der Ernährungslehre gemacht worden sind, beruhen großenteils auf der Erforschung der energetischen Verhältnisse, die bei der Verwertung der Nahrung eine Rolle spielen."

Aus diesen Ausführungen KELLNERs geht hervor, *daß eine Bewertung der Futterstoffe auf der Grundlage ihrer Leistung bei der tierischen Produktion vorzunehmen ist*, sie lassen aber auch erkennen, daß die experimentellen Grundlagen hierzu noch lückenhaft sind.

Der Stärkewert KELLNERs wird in mehrfacher Art angewendet. Einmal dient er zur Kennzeichnung der Bewertung der verschiedenen Futterstoffe, zum anderen zur Kennzeichnung von Rationen bzw. zur Kennzeichnung des Futterbedarfs der landwirtschaftlichen Nutztiere (insbesondere der Rinder). Diese verschiedenen Begriffe sind scharf auseinanderzuhalten. Im folgenden sei zunächst die energetische Bewertung der Futterstoffe mittels des Stärkewertes erörtet.

Eine Definition des Stärkewertes hat KELLNER nicht klar gegeben. In seinem Lehrbuch schreibt er hierzu (21): „Es fragt sich nun, wie man die produktive Wirkung eines Futtermittels oder einer Ration am zweckmäßigsten ausdrücken soll. Man könnte hier verschiedene Wege einschlagen und 1. den Ansatz, welchen das betreffende Futter, über den Erhaltungsbedarf hinaus gereicht, zu bewirken vermag, in *Wärmewerten* angeben, ein Maß, das aber wenig geläufig ist und unnötig hohe Zahlen in die Berechnung hineinträgt. Man könnte 2. diesen Ansatz (Fett und Fleisch) auf Körperfett umrechnen und die so gewonnenen Zahlen benützen, aber auch dieses Verfahren erscheint insofern wenig geeignet, als es zu Mißdeutungen Veranlassung geben und bei manchem die Meinung erwecken könnte, es käme überall und immer nur auf die Fetterzeugung an. Man kann 3. die gesamte energetische Wirkung eines Futters so ausdrücken, als ob nur ein einziger vollwertiger Nährstoff zum Verzehr gebracht würde, und dieser Weg erscheint dem Verfasser als der gangbarste, obwohl er im Grunde genommen mit den beiden anderen Ausdruckweisen dem Sinne nach identisch ist. Am geeignetsten, weil von dem bisher geübten Verfahren am wenigsten verschieden, ist es zweifellos, die in Rede stehende Wirkung so umzurechnen, als ob der wirksamste Teil des Futters nur aus Stärkemehl bestände. Dieses Verfahren, die Rechnung mit *Stärkewerten*, wollen wir befolgen, dabei aber nicht außer acht lassen, daß dem *verdaulichen Eiweiß* besondere Funktionen zukommen, die von anderen Nährstoffen nicht geleistet werden können. Demzufolge werden wir überall außer dem Stärkewert, welcher *sämtliche verdauliche Nährstoffe* einschließt, noch die Menge des darin enthaltenen Eiweißes angeben."

Nach NEHRING (46) ist der Begriff des Stärkewertes folgendermaßen zu definieren: „Der Stärkewert eines Futtermittels entspricht der Menge Stärke, in kg, durch die die gleiche Menge an Körperfett beim ausgewachsenen Ochsen erzeugt wird wie durch 100 kg des betreffenden Futtermittels."

Es könnte hiernach scheinen, daß der Stärkewert eine stoffliche Einheit darstellt, also als eine Futtereinheit aufzufassen ist. Verschiedene Forscher haben sich diese Auffassung auch zu eigen gemacht. So sind z. B. FINGERLING (9) und CRASEMANN (8) zu erwähnen, die eine Übertragung der stofflichen Einheit „Stärkewert" auf andere Tierarten vorgenommen bzw. vorzunehmen versucht haben. Aus dem obigen Zitat ergibt sich jedoch, daß KELLNER bei der Formung des Begriffs „Stärkewert" die energetische Wirkung der Futterstoffe, d. h. ihre energetische Produktionswirkung unter bestimmten experimentellen Bedingungen, im Auge gehabt hat. Danach ist der Stärkewert nur eine stoffliche Umschreibung der energetischen Wirkung der Futterstoffe; er wird also — so betrachtet — zu einer Futterwerteinheit. Allerdings hat KELLNER diese Unterschiede (Futtereinheit und Futterwerteinheit) nicht klar erkannt, denn er hat sich in seinen letzten Lebensjahren mit dem Gedanken getragen, den Stärkewertbegriff (nach Erstellung experimenteller Unterlagen) auch auf die Fütterung der Schweine und anderer Nutztierarten auszudehnen, wie es dann von FINGERLING vorgenommen worden ist.

Dem Stärkewert haftet also der Dualismus der stofflichen wie auch der energetischen Einheit an, der Stärkewertbegriff ist also nicht genügend eindeutig, zumindest nicht eindeutig angewandt worden. Wir wollen uns im folgenden der energetischen Deutung des Stärkewertes anschließen. Nach MØLLGAARD ist 1 Stärkewert = 2365 NK_F (gemessen bei der Fettmast des ausgewachsenen Rindes unter bestimmten experimentellen Bedingungen).

Somit stellt also der Stärkewert einen Ausdruck für die energetische Fettproduktionsleistung bei der Mast ausgewachsener Ochsen dar, er ist ein Vielfaches einer Fettnettokalorie, die von MØLLGAARD mit dem Symbol NK_F belegt worden ist.

Im folgenden sollen die Grundlagen der Stärkewertlehre KELLNERs einer kritischen Betrachtung unterzogen werden, wobei die früheren Ausführungen über die von KELLNER durchgeführten Respirationsversuche mit Ochsen als Ausgangspunkt dienen.

a) Grundlagen der Stärkewertlehre

KELLNER baute die Stärkewertlehre auf den Ergebnissen seiner Respirationsversuche mit Ochsen auf. Nach Untersuchung der reinen Nährstoffe auf ihren Produktionswert bei der Mast ausgewachsener Ochsen bestimmte KELLNER den Produktionswert typischer Vertreter der verschiedenen Futtermittelgruppen. Als wichtigstes Ergebnis fand er, daß bei einigen Futterstoffen eine gute Übereinstimmung zwischen der im Versuch bestimmten und der aus dem Gehalt dieser Futterstoffe an verdaulichen Nährstoffen berechneten Produktionsleistung besteht. Die Grundlage dieser Berechnung stellten die experimentell ermittelten Ansatzwerte der reinen Nährstoffe dar. Bei einer großen Anzahl anderer Futterstoffe — insbesondere den rohfaserreichen — fand er jedoch, daß eine Übereinstimmung zwischen Tierversuch und Rechnung nicht vorliegt. Demzufolge muß die Bewertung der Futterstoffe auf der Grundlage ihres Gehaltes an verdaulichen Nährstoffen, wie sie in der damaligen Zeit vorgenommen wurde, fehlerhaft sein. Er folgerte weiter, daß eine Bewertung der Futterstoffe allein auf der Grundlage ihrer Produktionsleistung im tierischen Organismus vorgenommen werden müßte.

Als Produktionsleistung hat er das Fettproduktionsvermögen des ausgewachsenen Rindes gewählt, eine Wahl, die als gut bezeichnet werden muß, denn diese Leistung ist von allen anderen tierischen Leistungen diejenige, die am wenigsten durch andere Faktoren beeinflußt werden kann und bei der — physiologisch gesehen — die geringste Korrelation zwischen Zusammensetzung der Ration an einzelnen Nährstoffen und ihrer Verwertung besteht. Der Bedarf für diese Leistung ist im wesentlichen nur energetischer Natur, während bei den anderen Leistungen des Tieres, wie Wachstum, Milchproduktion usw., der Bedarf sowohl energetisch als auch speziell stofflich ist.

Aus der Wahl, die Bewertung der Futterstoffe auf der Grundlage ihres Fettproduktionswertes beim ausgewachsenen Rind vorzunehmen, geht jedoch auch hervor, daß die resultierenden Ergebnisse *nur ein Maß für die energetische Wirkung* der Futterstoffe darstellen können, daß damit andere Werteigenschaften der Futtermittel (Eiweißgehalt, Mineralstoffgehalt, Wirkstoffgehalt, besondere diätetische Wirkungen usw.) bei einer solchen Bewertung nicht erfaßt werden können. KELLNER hat die Einseitigkeit einer solchen Bewertung der Futterstoffe, die den großen Vorteil hat, daß sie zu eindeutigen und reproduzierbaren Werten führt, klar erkannt, wenn er schreibt: „Dieses Verfahren, die Rechnung mit Stärkewert, wollen wir befolgen, dabei aber nicht außer acht lassen, daß dem verdaulichen Eiweiß besondere Funktionen zukommen, die von anderen Nährstoffen nicht geleistet werden können."

Er hat also neben der energetischen Bewertung der Futterstoffe — in Form des Stärkewertes — den Wert der Futterstoffe außerdem noch durch ihren Gehalt an verdaulichem Protein gekennzeichnet. Diese dualistische Bewertung kann entsprechend den heutigen Erkenntnissen noch beliebig auf Angaben über den Gehalt an speziellen Mineralstoffen, Wirkstoffen usw. erweitert werden. Die folgenden Ausführungen beschränken sich nur auf die Betrachtung der energetischen Bewertung der Futterstoffe.

Nachdem KELLNER das grundlegende Prinzip der Bewertung der Futterstoffe auf Grund ihrer Energieleistung bei der Fettproduktion erkannt hatte, versuchte er, die Ergebnisse seiner Respirationsversuche zu einem solchen Bewertungssystem zusammenzufassen. Er war sich darüber klar, daß seine Versuchsergebnisse noch unvollständig waren, daß es „manche Lücken, die noch der Ausfüllung harren", gibt. Die Einführung dieses Bewertungssystems in die Praxis erschien ihm aber nur sinnvoll, wenn es die Gesamtheit der in der Fütterung in Frage kommenden Futterstoffe erfaßt. Da KELLNER nur verhältnismäßig wenige aus der Gesamtzahl der verschiedenen Futterstoffe im Respirationsversuch untersucht hat, war er bei der Einführung seines Bewertungssystems, der Stärkewertlehre, gezwungen, den Produktionswert einer großen Anzahl von Futterstoffen aus sonstigen Erfahrungen heraus zu schätzen bzw. nach Beziehungen zwischen irgendwelchen wertbestimmenden Eigenschaften spezieller Futterstoffe und ihrem im Experiment ermittelten Produktionswert zu suchen, um den Produktionswert nicht untersuchter Futterstoffe zu berechnen.

Somit führte er die heute allgemein geläufigen Begriffe der „Wertigkeit" und des

„Rohfaserabzugs" ein. Mit Hilfe dieser Begriffe glaubte KELLNER, aus der chemischen Zusammensetzung des Futtermittels (Analysengrundlage: Weender Futtermittelanalyse) und der Verdaulichkeit ihrer einzelnen Nährstoffgruppen ihren Stärkewert, d. h. ihren Fettproduktionswert, unter Benutzung der — größtenteils experimentell — ermittelten Ansatzwerte der reinen Nährstoffe mit für die Praxis genügender Genauigkeit berechnen zu können.

In seinen Respirationsversuchen mit Milchvieh versuchte KELLNER, den für die Milcherzeugung erforderlichen Nahrungsbedarf auf der Grundlage der berechneten Stärkewerte der Rationen zu erfassen. Er kam dabei zu der Erkenntnis, daß die Nettoenergie (Fett) zur Milcherzeugung um etwa 20—30% besser verwertet wird als bei der Fettproduktion des ausgewachsenen Rindes, vorausgesetzt, daß die Ration genügend eiweißreich und auf die Leistungsgröße des Tieres eingestellt ist. Aus diesen Versuchen sowie aus weiteren Beobachtungen seiner Erhaltungsbedarfsversuche mit Ochsen hat dann KELLNER den Nahrungsbedarf für verschiedene Leistungen des Milchviehes abgeleitet und tabellarisch in seinem Lehrbuch in Form des Bedarfs an Stärkewerten und verdaulichem Protein angegeben.

Aus sonstigen allgemeinen Beobachtungen hat KELLNER weiterhin Fütterungsnormen für die wichtigsten landwirtschaftlichen Nutztierarten (Rinder, Pferde, Schafe, Schweine) — im wesentlichen ausgedrückt in kg Stärkewert und kg verdaulichem Protein — angegeben.

Nach dieser kurzen Skizzierung der theoretischen Grundlagen, die KELLNER zur Aufstellung seiner Stärkewertlehre geführt haben, sollen die experimentellen Grundlagen zu diesen theoretischen Erwägungen kritisch untersucht werden.

KELLNER hat in seinem Lehrbuch den Stärkewert von mehr als 400 verschiedenen Futtermitteln angegeben. Im Respirationsversuch untersuchte er nur etwa 40 verschiedene Futterstoffe auf ihre Produktionswirkung bei der Mast der Ochsen, wobei die Versuchsergebnisse teilweise nur Einzelwerte darstellen. Hinzu kommt, daß — wie im Kapitel über die Respirationsversuche mit Ochsen ausführlich dargestellt worden ist — die Untersuchungsergebnisse mit teilweise nicht unerheblichen Unsicherheiten behaftet sind. Diese Gegenüberstellung zeigt, daß das experimentelle Material, das der Stärkewertlehre zugrunde liegt, als noch zu gering angesehen werden muß. Fernerhin wurde früher (s. S. 77f.) darauf hingewiesen, daß KELLNER einige seiner Untersuchungsergebnisse als zu unsicher angesehen und in seinen Tabellen andere Wertigkeitszahlen angegeben hat als die, die er im Tierversuch bestimmt hatte.

Bei allen KELLNERschen Respirationsversuchen setzt sich die Ansatzenergie aus Fett und Proteinansatz zusammen, wobei der Anteil des Proteinansatzes zum Gesamtansatz teilweise nicht unerheblich ist, worauf insbesondere von AXELSSON [2] hingewiesen worden ist. Hierin liegt eine generelle Schwierigkeit in den experimentellen Bestimmungen des Produktionswertes von Futterstoffen, denn die resultierenden Ergebnisse können korrekterweise nicht mehr als Fettproduktionswerte (Nettoenergie [Fett]) angesehen werden. Es wurde früher (s. S. 52) versucht, eine Arbeitshypothese für die Umrechnung von Proteinnettoenergie auf Fettnettoenergie aufzustellen und vorgeschlagen, die Produktionswerte auf „Fettmast-Nettoenergie“ umzurechnen, um die Ergebnisse besser vergleichen zu können. Eine experimentelle Untermauerung dieser Arbeitshypothese erscheint wichtig; der experimentellen Bearbeitung stellen sich jedoch erhebliche methodische Schwierigkeiten entgegen.

Bei der Berechnung des Stärkewertes aus den verdaulichen Nährstoffen wurden neben den — teilweise geschätzten — Wertigkeitszahlen die Ansatzwerte der reinen Nährstoffe zugrunde gelegt. Wie erwähnt (s. S. 68ff.), sind diese Ansatzwerte der reinen Nährstoffe mit nicht unerheblichen Unsicherheiten behaftet. Die von KELLNER festgelegten Umrechnungsfaktoren der verschiedenen reinen Nährstoffe auf das Fettansatzvermögen der Stärke

beim Eiweiß von	0,94
„ Fett aus Ölsamen von	2,41
„ „ „ Körnerfrüchten von	2,12
„ „ „ Rauhfutter u. Wurzelfrüchten von	1,91
bei der Rohfaser von	1,00
bei den N-freien Extraktstoffen von	1,00
beim Zucker von	0,76

sind teilweise zu wenig gesichert, so daß die Berechnung des Stärkewertes in Frage gestellt werden kann. Es wurde gezeigt, daß die Minderbewertung des Eiweißes gegenüber der Stärke aus den experimentellen Daten nicht eindeutig hervorgeht, daß für die Verwertung des „Fettes“ aus Körnerfrüchten, Rauhfutterstoffen und Wurzelfrüchten keine experimentellen Unterlagen vorhanden sind und daß über die Verwertungsgröße des Zuckers zahlenmäßig keine genauen Angaben auf Grund der einzelnen Untersuchungsergebnisse gemacht werden können.

Auch wenn diese Faktoren für die reinen Nährstoffe gesichert wären, können gegen die Berechnungsmethode von Stärkewerten (Fettproduktionswerten) noch gewisse Einwände von der Futtermittelanalytik her gemacht werden. Die Berechnung des Stärkewertes gründet sich analytisch auf den mit Hilfe der Weender Futtermittelanalyse ermittelten Gehalt der Futterstoffe an verdaulichen Nährstoffen. Nun bestehen die einzelnen mit Hilfe dieser Analysenmethode ermittelten Stoffgruppen nicht aus reinem Protein oder aus reinem Fett usw., sondern diese Stoffgruppen haben eine mehr oder weniger heterogene Zusammensetzung.

Theoretisch spielt in diesen Fragenkomplex in gewissem Umfang noch das Problem der „wahren“ und der „scheinbaren Verdaulichkeit“ — insbesondere beim Rohprotein und beim Rohfett — hinein; praktisch ist dieses Problem aber für die Messung der energetischen Leistung der Futterstoffe bei der Mast von nur unwesentlicher Bedeutung.

Ebenfalls schwierig liegen die Verhältnisse beim „Rohfaserabzug“. Die von KELLNER festgelegten Stärkewertabzüge auf Grund des Rohfasergehaltes der Rauhfutterstoffe sind mit nicht unerheblichen Unsicherheiten behaftet, und für den Rohfaserabzug bei Grünfutterstoffen liegen keine experimentellen Unterlagen in Form von Respirationsversuchen vor (vgl. S. 83). Ferner kann die Zusammensetzung der Rohfaser verschiedener Futterstoffe im allgemeinen auch verschiedenartig sein. (Vgl. hierzu die von E. MANGOLD [31] verfaßten kritischen Ausführungen über die Stärkewertlehre KELLNERs.)

Diese kritischen Einwände könnten nun bei oberflächlicher Betrachtung zu dem Schluß führen, daß das Problem der Bewertung der Futterstoffe auf Grund ihrer Fettproduktionsleistung aufgegeben werden müßte. Dagegen sei betont, daß die *Berechnung von Stärkewerten*, d. h. von Fettproduktionswerten auf Grund des Gehaltes der Futterstoffe an verdaulichen Nährstoffen, nur ein *Hilfsmittel* darstellt, *das das eigentliche Problem der Bewertung der Futterstoffe auf der Grundlage ihrer Leistung bei der tierischen Produktion nicht berührt. Es ist das unbezweifelbar große Verdienst* KELLNERs, *die Notwendigkeit einer Bewertung der Futterstoffe auf Grund ihrer Leistung erkannt und kraft seiner Persönlichkeit in der Praxis eingeführt zu haben.* Die weiteren experimentellen Unterlagen zu schaffen, um letztlich die Unsicherheiten, die zur Zeit der Berechnung von Stärkewerten anhaften, weitgehend zu beseitigen, ist eine wichtige Aufgabe der zukünftigen Arbeit. An Hand der KELLNERschen Versuche wurde dargelegt, daß es methodisch möglich erscheint, diesem Ziel näher zu kommen, daß es also nicht aussichtslos ist, auf diesem nicht einfachen Gebiet der Tierernährungslehre weiter zu arbeiten. Der Weg zu diesem Ziel ist aber weit und wahrscheinlich sehr dornenreich.

Die Stärkewertlehre KELLNERs umfaßt nicht nur die Bewertung der Futterstoffe auf der Grundlage ihrer Fettnettoenergie, sondern KELLNER hat weiterhin versucht, den energetischen Bedarf für die verschiedenartigsten Produktionsleistungen in Stärkewerten auszudrücken. Für die Milchleistung und für den Erhaltungsbedarf der Ochsen liegen diesen Angaben —wie erwähnt — experimentelle Unterlagen zugrunde. Die Ergebnisse dieser Versuche weisen ebenfalls eine nicht unbeträchtliche Streubreite auf, wobei sich hier individuelle Einflüsse der verwendeten Versuchstiere in wesentlich stärkerem Maße bemerkbar machen als bei den Versuchen mit Ochsen zur Bestimmung von Fettproduktionswerten.

Die Übertragung von Stärkewerten auf andere Produktionsarten als die Fettproduktion beim ausgewachsenen Rind setzt voraus, daß die Verwertungsgröße der verschiedenen Futterstoffe bei den verschiedenen Produktionsrichtungen proportional ihrer Verwertung bei der Fettproduktion verläuft. Hierüber geben die experimentellen Unterlagen keine gesicherte Auskunft. Es liegt hier ein weiteres großes Arbeitsfeld offen, nämlich die Verwertungsgröße von Rationen bei verschiedenen Produktionsarten im Respirationsversuch zu untersuchen. Ob es dabei methodisch gelingen wird, die *energetische Verwertung von einzelnen Futterstoffen* für andere Produktionsleistungen als die Fettproduktion zu messen, um daraus aufbauend eine Bewertung der Futterstoffe getrennt nach Produktionsrichtung vornehmen zu können, muß vorläufig offen bleiben. Methodische und auch theoretische Schwierigkeiten liegen auf der Hand.

Es erhebt sich noch die Frage, ob die beim Rind gemessenen Produktionswerte auch auf die Fütterung anderer Nutztierarten übertragbar sind. Zunächst steht zu erwarten, daß die Verwertung der verdauten Nährstoffe bei den einzelnen Tierarten Unterschiede aufweisen wird. Eine direkte energetische Übertragung scheidet also aus. Immerhin wird eine Übertragung der beim Rind gemessenen Produktionswerte auf andere Tierarten in Form einer stofflichen Einheit, also auch in Form des Stärkewertes, möglich, wenn die Verwertung der einzelnen Futterstoffe bei den verschiedenen Tierarten in einem annähernd konstanten Verhältnis erfolgt. Ob diese Voraussetzung gegeben ist, kann nur durch das Experiment entschieden werden. In dieser Richtung ist von FINGERLING (50) (Literaturzusammenstellung S. 350f.), dem Nachfolger KELLNERs in Möckern, wertvolle experimentelle Arbeit geleistet worden, indem er eine Reihe von Respirationsversuchen mit Schweinen und mit Pferden[1]) durchgeführt hat. Es ist beabsichtigt, auch das von FINGERLING erarbeitete Material (Respirationsversuche mit Ochsen, Pferden und Schweinen) in nächster Zeit einer kritischen Auswertung zu unterziehen, um weitere Ansatzpunkte für die zukünftige Arbeit zu gewinnen. Fernerhin sind in diesem Zusammenhang insbesondere die Arbeiten von BREIREM (6) mit Schweinen sowie die im Institut für Haustierernährung in Zürich (8) durchgeführten Arbeiten mit Schafen, Kaninchen und Hühnern zu erwähnen.
Wenn auch der Umfang dieser Arbeiten insgesamt gesehen noch nicht als ausreichend und die Ergebnisse zum Teil als ungenügend gesichert angesehen werden müssen, um auf der Grundlage dieser Arbeiten schon eine ausreichend gesicherte Bewertung der Futterstoffe getrennt nach ihrer Fettproduktionsleistung bei den verschiedenen erwähnten Tierarten vornehmen zu können, so lassen diese Arbeiten aber bereits klar erkennen, daß die Voraussetzung eines konstanten Verwertungsverhältnisses der einzelnen Futterstoffe bei den verschiedenen Tierarten nicht zutrifft.
Es ergibt sich insbesondere aus den Untersuchungen von FINGERLING, daß die Wertigkeit einer Reihe von Futterstoffen zwischen Ochsen, Pferden und Schweinen starke Unterschiede aufweist.
Im einzelnen soll dieses Problem hier nicht weiter erörtert werden, da in letzter Zeit insbesondere von NEHRING (43, 47) ausführlich zu diesem Problem Stellung genommen worden ist.
Herauszustellen bleibt die Notwendigkeit, durch weitere Respirationsversuche mit den verschiedenen landwirtschaftlich genutzten Tierarten die experimentellen Unterlagen zu erweitern und teilweise zu erneuern, um eine Bewertung der Futterstoffe getrennt nach den Tierarten vornehmen zu können. Damit fällt der von KELLNER geprägte Begriff des Stärkewertes, sofern man hiermit die stoffliche Einheit Stärke verbindet. An seine Stelle ist eine rein energetische Einheit zu setzen (s. S. 97).

[1]) Die von FINGERLING durchgeführten Respirationsversuche mit Pferden sind in jüngster Zeit in Leipzig-Möckern aufgearbeitet und im 3. Band der Festschrift zum 100jährigen Bestehen der Landwirtschaftlichen Versuchsstation Möckern (42) veröffentlicht worden.

b) Anwendung der Stärkewertlehre

KELLNER hat es noch selbst erleben können, daß seine Stärkewertlehre weiten Eingang sowohl in der wissenschaftlichen Forschung als auch in der praktischen Fütterung gefunden hat, wenn es auch nicht an Stimmen fehlte, die vor einer zu breiten Anwendung der Stärkewertlehre gewarnt oder die auf die teilweise noch sehr unsichere experimentelle Grundlage hingewiesen haben. E. MANGOLD nahm in seiner Arbeit: „Der Stärkewert und andere Futtereinheiten" (31) kritisch zu der Stärkewertlehre KELLNERs Stellung, wobei er an Hand von Zitaten vieler anderer Forscher vor einer Überschätzung der Stärkewertlehre, aber auch vor einer falschen Anwendung warnt. In neuerer Zeit ist im Rahmen des II. Bandes der Festschrift zum 100jährigen Bestehen der Landwirtschaftlichen Versuchsstation Leipzig-Möckern (41) die Stärkewertlehre KELLNERs von verschiedenen Forschern einer kritischen Würdigung unterzogen worden, wobei von verschiedenen Autoren auch auf die Anwendung der Stärkewertlehre hingewiesen wurde. Es soll daher von einer breiten Diskussion der Anwendung der Stärkewertlehre im Rahmen dieser Arbeit Abstand genommen und insbesondere auf die o. a. Literatur verwiesen werden.

Besonders herauszustellen ist aber noch, daß die Stärkewertlehre KELLNERs die Entwicklung der Tierernährungslehre entscheidend beeinflußt hat. *Wenn heute nach nahezu 50 Jahren in fast allen europäischen Ländern sowohl in vielen wissenschaftlichen Arbeiten als auch in der Fütterungspraxis nach der Stärkewertlehre KELLNERs oder davon abgeleiteten Futtereinheiten gearbeitet wird, so ist das ein Beweis dafür, daß der Weg, den KELLNER gegangen ist, brauchbar war.*

Wir müssen auch feststellen, daß wir in den letzten 50 Jahren auf diesem Gebiet nicht wesentlich weitergekommen sind, ja, daß es die Forschung noch nicht erreicht hat, die vielen Lücken der Stärkewertlehre auszufüllen bzw. zu beseitigen. *Wir müssen klar erkennen, daß wir den schwierigen Weg, den KELLNER eingeschlagen hat, weitergehen müssen.* Es erscheint als der einzig gangbare Weg, um zu einer wirklich rationellen Fütterung zu kommen, *die energetische Bewertung der Futterstoffe nur auf Grund ihrer Leistung im tierischen Organismus vorzunehmen.*

Für eine gesicherte Anwendung dieser Grundgedanken KELLLNERs, insbesondere auch in der praktischen Landwirtschaft ist es erforderlich, daß die Forschung die so notwendigen experimentellen Unterlagen hauptsächlich mit Hilfe von Respirationsversuchen weiter schafft und die Begriffe weiter klärt. Denn viele Fehlschläge bei der Anwendung der Stärkewertlehre sind darauf zurückzuführen, daß sie nicht richtig verstanden worden ist, daß die Begriffe nicht klar waren oder daß es an den notwendigen experimentellen Voraussetzungen mangelte. Die alleinige Anwendung von Stärkewerten ist kein Garantieschein für den Fütterungserfolg. Auf der anderen Seite trägt eine zweckmäßige Anwendung der von KELLNER aufgestellten bzw. später modifizierten Stärkewertlehre heute wesentlich zu einem guten Fütterungserfolg bei.

Übersicht über die Futtereinheiten bzw. Bewertungssysteme für die Futtermittel (nach NEHRING)

	Rohnährstoffe	–	Kotausscheidungen	→	verdauliche Nährstoffe	–	Stoffwechselausscheidungen in Harn und Gasen	→	umsetzbare Energie	–	thermische Energie	→	verwertbare (dynamische) Energie
stoffliche Einheiten	(Heuwert)				Gesamtnährstoff (nach LEHMANN) T.D.N.								Heuwert skand. Futtereinheit (kg Gerste) sowj. Futtereinheit (kg Hafer) Stärkewert (Stärke)
energetische Einheiten	Bruttoenergie (Cal)				Energie der verdaulichen Nährstoffe (digestible energy)				umsetzbare Energie (metabolizable energy) (Cal)				Stärkeeinh. (Cal) NK_F (Cal) Therms (Net-energy (Cal) KELLNER-Einheit (Cal)
	gültig für alle Tierarten und alle Produktionsleistungen				abhängig von der Tierart (unabhängig von der Produktion)				abhängig von der Tierart (unabhängig von der Produktion)				abhängig von der Tierart und der Produktionsrichtung

c) Beziehungen des Stärkewertes zu anderen Bewertungssystemen

Auch zu diesem Problem ist in neuerer Zeit zunächst von FUCHS (12) und daran anknüpfend von NEHRING (43, 48) verschiedentlich Stellung genommen worden, um einmal die häufig unklaren Begriffe, die mit dem Stärkewert sowie mit anderen Futtereinheiten verbunden werden, zu beseitigen und die theoretische Betrachtung des Fragenkomplexes der energetischen Bewertung der Futterstoffe eindeutig zu gestalten und weiterzuentwickeln. Eine theoretische Betrachtungsweise greift auch indirekt entscheidend in die anzuwendende Versuchsmethodik ein, da dadurch die Problemstellung klarer wird und die Versuche präziser angelegt werden können.

Wegen der Bedeutung dieser Problematik für die weitere Entwicklung der Tierernährungslehre sei es gestattet, in diesem Rahmen auf einige Ausführungen von NEHRING zurückzugreifen, der vorstehenden „Übersicht über die Futtereinheiten bzw. Bewertungssysteme für die Futtermittel“ zusammenstellte (44).

Aus dieser Übersicht geht hervor, daß der Stärkewert KELLNERs in die letzte Gruppe als stoffliche Einheit eingeordnet worden ist, wobei als Bewertungsgrundlage für den Stärkewert die „verwertbare Energie“ in Frage kommt. Dies trifft für die stoffliche Deutung der Stärkewerte zu, wie sie allgemein gebräuchlich ist. Daß auch an eine energetische Deutung gedacht worden ist, zeigt sich in dieser Tabelle darin, daß die neuerdings in Westdeutschland geprägte Stärkeeinheit in der gleichen Rubrik unter den energetischen Einheiten aufgenommen wurde.

Vom Heuwert abgesehen, sind alle anderen Futtereinheiten bzw. Futterwerteinheiten stark durch den Stärkewert KELLNERs beeinflußt worden. Dies trifft für die heute gebräuchliche skandinavische Futtereinheit und auch für die vor einigen Jahren geprägte sowjetische Futtereinheit zu. Beide können zur Zeit als modifizierte Stärkewerteinheiten angesehen werden. Sie haben alle den Nachteil, daß bei ihnen die eigentliche Leistung nicht zum Ausdruck kommt.

Aber auch in der Gruppe der energetischen Einheiten ist die Beeinflussung durch den Stärkewert KELLNERs groß. Die Stärkeeinheit stellt — wie gesagt — nur die energetische Umschreibung des Stärkewertes dar. Sie ist eindeutig, so lange sich die Werte nur auf das Rind beziehen. Wie eine Übertragung dieser Einheit für andere Tierarten vorgenommen werden soll, bleibt noch unklar.

Besonders bemerkenswert ist in der Gruppe der energetischen Einheiten die von MØLLGAARD aufgestellte Mästungsnettokalorie mit dem Symbol NK_F. Zum Stärkewert besteht folgende einfache Beziehung: 1 Stärkewert = 2365 NK_F (nach MØLLGAARD). In dieser Form ist die Mästungsnettokalorie eindeutig und drückt die direkte Leistung bei der Produktion aus. Die Mästungsnettokalorie ist von anderen Autoren auch auf die Fütterung anderer Nutztierarten als die des Rindes angewendet worden, so insbesondere von BREIREM (6, 7) auf die Fütterung der Schweine. Eine Übertragung der NK_F-Werte auf die Fütterung anderer Nutztierarten und andere Produktionsleistungen als die

Fettmast beim Rind bedingt zwangsläufig, daß durch diese Einheit dann nicht mehr die direkte damit erzielbare kalorische Leistung zum Ausdruck kommt. Demzufolge kann diese Einheit auch nicht als Futterwerteinheit angesehen werden. Wir wollen noch darauf hinweisen, daß MØLLGAARD zu einem erheblichen Teil die von KELLNER aufgestellten Stärkewerte für die verschiedenen Futtermittel in sein NK_F-System eingebaut hat, daß auch dieses Bewertungssystem stark durch die KELLNERsche Stärkewertlehre beeinflußt worden ist.

Die von ARMSBY aufgestellte Bewertungseinheit „Therms" zeigt, daß ARMSBY, der etwa zur gleichen Zeit seine grundlegenden Untersuchungen durchführte wie KELLNER, in Amerika der Landwirtschaft das Rechnen mit Kalorien zumuten wollte, wovon KELLNER in Deutschland bewußt Abstand genommen hat, indem er statt der direkten kalorischen Bewertung der Futterstoffe eine stoffliche Umschreibung in Form des Stärkewertes vornahm. Beide Forscher haben sich durch ihre Arbeiten gegenseitig angeregt. Die „Therms" von ARMSBY haben sich in Amerika praktisch nicht durchgesetzt, da man heute dort im allgemeinen bei der Fütterung der landwirtschaftlichen Nutztiere nach dem TDN-System arbeitet. Die energetische Beziehung zum Stärkewert ist folgende: 1 kg Stärkewert = 2,356 Therms. ARMSBY und Mitarbeiter sind konsequent bei der Kalorienrechnung geblieben und hierin liegt der große Vorteil des Bewertungssystems, da dadurch eine Übertragung auf andere Tierarten und andere Produktionsrichtungen möglich ist und durch das Bewertungssystem die direkten Produktionsleistungen zum Ausdruck kommen [vgl. hierzu die Ausführungen von E. MANGOLD (31)].

In jüngster Zeit ist im Rahmen der Diskussion über eine gemeinsame europäische Futtereinheit von FUCHS (12) ein Vorschlag, der – modifiziert – von NEHRING (43, 48) stark unterstützt wird, eingebracht worden, nämlich die Futtermittel nach „KELLNER-Einheiten" zu bewerten. Die KELLNER-Einheit stellt keine Futtereinheit dar, sondern ist als eine *Futterwerteinheit* aufzufassen, da durch sie die *direkte Leistung bei der tierischen Produktion* zum Ausdruck kommt. Diese KELLNER-Einheit soll grundsätzlich auf jede Tierart und jede Produktionsleistung anwendbar sein.

Hierin ist theoretisch eine wesentliche Weiterentwicklung der KELLNERschen Stärkewertlehre zu sehen. Daß es sich nur um eine Weiterentwicklung handelt, geht aus der gewählten Bezeichnung hervor, die die Arbeiten von KELLNER würdigen soll. Die Grundlage dieses KELLNER-Einheiten-Systems ergibt sich deutlich aus dem von NEHRING gemachten (45) Vorschlag „zur Einführung einer europäischen Futtereinheit", die wir nachfolgend nochmals wiedergeben wollen:

1. Die Grundlage für die Bewertung der Futterstoffe bildet das Leistungsvermögen, das den einzelnen Futterstoffen im tierischen Organismus zukommt, d. h. der Gehalt an Nettoenergie.
2. Als einheitlicher Bewertungsmaßstab, d. h. als Futterwerteinheit, wird die KELLNER-Einheit (KE) = 2500 kcal vorgeschlagen.

3. Die Bewertung der Futterstoffe erfolgt für die einzelnen Tierarten getrennt (nach ihrer Leistung bei der Fettbildung).
4. Die Angabe des Futterwertes für die einzelnen Futterstoffe geschieht in KE je kg (spezifischer Futterwert nach FUCHS) oder besser in KE je 100 kg.
5. Auch die Angabe des Bedarfs der Tiere erfolgt in KELLNER-Einheiten.

Dies bedeutet, daß hier — ähnlich wie bei dem ARMSBYschen System — die konsequente Kalorienrechnung auf Grund der Leistung bei der tierischen Produktion vorzunehmen ist, eine Entwicklung in der Tierernährungslehre, die im wesentlichen von KELLNER auf Grund seiner experimentellen Unterlagen eingeleitet wurde, die er aber mangels genügend eindeutiger Versuche mit anderen Tierarten und auch mit anderen Produktionsrichtungen nicht bis zu diesem Stand vorantreiben konnte.

Auch heute ist festzustellen, daß durch die obigen Ausführungen zwar die theoretischen Grundlagen für die Bewertung der Futterstoffe dargelegt worden sind, daß wir aber noch nicht in der Lage sind, die Bewertung vollständig in dieser Form vornehmen zu können, denn das z. Z. vorhandene experimentelle Material ist zu gering, um mit befriedigender Sicherheit ein solches System aufstellen zu können. Hier liegt — wie schon oft betont — die wichtigste Aufgabe der Forschung auf diesem Gebiet, durch umfangreiche Respirationsversuche das theoretische Gebäude, das in seinen Grundpfeilern von KELLNER errichtet worden ist, auszufüllen.

In der obigen Tabelle finden sich auch in den anderen Stufen der Verarbeitung der Futterstoffe Bewertungssysteme, die heute noch weite Anwendung finden, insbesondere bei den verdaulichen Nährstoffen. KELLNER wollte die Bewertung der Futterstoffe auf Grund ihres Gehaltes an verdaulichen Nährstoffen durch die Bewertung nach ihrer Leistung im tierischen Organismus ersetzen. Trotzdem liegt in der Beibehaltung der Bewertung der Futterstoffe auf der Stufe der verdaulichen Nährstoffe heute noch eine gewisse Berechtigung, wenn man der Auffassung ist, daß die z. Z. vorhandenen experimentellen Unterlagen noch nicht ausreichend und zu wenig gesichert sind. Diese Auffassung ist unschwer zu stützen, wenn wir uns die teilweise nicht unerheblichen Unsicherheiten der KELLNERschen Ergebnisse zur Produktionswertbestimmung von Futterstoffen vergegenwärtigen, wie sie im Kapitel über die Respirationsversuche mit Ochsen zur Darstellung gekommen sind. Zur Bestimmung der Verdaulichkeit von verschiedenen Futterstoffen liegt ein weit größeres Material bei den verschiedenen Tierarten vor als zur Bestimmung der Verwertung. Ist man also der Auffassung, für die Bewertung der Futterstoffe heute noch auf der Stufe der verdaulichen Nährstoffe stehenbleiben zu müssen, so ist es auch hier konsequent, wie es insbesondere von NEHRING (43) aufgezeigt worden ist, als Grundlage der Bewertung nicht stoffliche Einheiten zu wählen, sondern die Bewertung auf der Grundlage der verdaulichen Energie vorzunehmen. Es sei aber betont, daß dies nur als eine Notlösung angesehen werden muß. *Das wissenschaftliche Ziel muß bleiben, die Bewertung der Futterstoffe auf der Grundlage ihrer Nettoenergie vorzunehmen, also den Weg weiter zu gehen, der von KELLNER eingeschlagen worden ist.*

In den beiden letzten Jahrzehnten hat AXELSSON (2, 3) eine umfangreiche Diskussion geführt, um die umsetzbare Energie als Bewertungsgrundlage für die verschiedenen Futterstoffe einzuführen. Die Auffassung AXELSSONS ist wiederholt von den verschiedensten Forschern (siehe u. a. MØLLGAARD (39) und KLEIBER (27)) auf dem Gebiet des Energiestoffwechsels der landwirtschaftlichen Nutztiere angegriffen und zurückgewiesen worden, da die umsetzbare Energie als Bewertungsgrundlage — nach M. KLEIBER (28) — die Nachteile sowohl der verdaulichen Energie als auch der Nettoenergie in sich birgt und keine Vorteile zeigt.

Zusammengefaßt ergaben die Ausführungen über die Stärkewertlehre KELLNERs, daß die experimentellen Unterlagen, die ihn zur Aufstellung des Stärkewertes geführt haben, als noch nicht ausreichend und zu wenig gesichert angesehen werden müssen und daß die Stärkewertlehre noch mit einigen Mängeln behaftet ist. Trotzdem hat die Stärkewertlehre weiten Eingang in Wissenschaft und Praxis gefunden und sich bewährt, was darauf schließen läßt, *daß der von KELLNER beschrittene Weg grundsätzlich brauchbar ist. KELLNER wollte die Bewertung der Futterstoffe auf der Grundlage der verdaulichen Nährstoffe überwinden und eine Bewertung der Futtermittel nach ihrer Leistung bei der tierischen Produktion aufbauen. An der endgültigen Verwirklichung dieses Zieles, das er selbst nicht ganz erreichen konnte, weiter zu arbeiten, erscheint als eine lohnende und wichtige Aufgabe.*

ZUSAMMENFASSUNG UND SCHLUSSFOLGERUNGEN

für die weitere Arbeit auf dem Gebiet der Bewertung der Futterstoffe

Einleitend wurde an Hand einer kurzen Biographie Oskar KELLNERs versucht, einen Abriß über den Erkenntnisstand der damaligen Zeit auf dem Gebiet des Energiestoffwechsels der landwirtschaftlichen Nutztiere zu geben. Es wurde am Schluß der Einleitung darauf hingewiesen, daß die folgenden kritischen Betrachtungen über die Arbeiten KELLNERs mit dem Respirationsapparat dazu führen sollten, weitere Perspektiven für die zukünftige Arbeit auf diesem Gebiet zu gewinnen. Die wesentlichsten Punkte, die sich aus diesen Betrachtungen ergeben haben, sind im folgenden zusammengestellt.

1. Eine experimentelle Bearbeitung dieses Gebietes ist nur in solchen Instituten möglich, die über die notwendigen technischen Hilfsmittel, insbesondere zweckentsprechende Respirationsapparate, verfügen. KELLNER hatte für seine Untersuchungen nur einen Respirationsapparat zur Verfügung. Auch heute gibt es nur sehr wenige Forschungsstätten, die über solche Apparaturen für die größeren landwirtschaftlichen Nutztierarten verfügen. *Für eine erfolgreiche Bearbeitung der sehr breiten Problematik auf diesem Gebiet ist es*

unerläßlich, daß Forschungsstätten geschaffen werden, die großzügig auszubauen sind und über die notwendigen technischen und methodischen Hilfsmittel, insbesondere über eine genügend hohe Anzahl von Respirationsapparaten verfügen, damit Versuche mit verschiedenen Paralleltieren gleichzeitig durchgeführt werden können. Zu den unbedingt notwendigen Hilfsmitteln gehört ferner, daß diese Institute bzw. Forschungsstätten in enger Zusammenarbeit mit der Tierzucht stehen, um geeignetes Tiermaterial für die Versuche zur Verfügung zu haben. Weiterhin sind gleichmäßige und gute Grünlandflächen zur Verfügung zu stellen.

2. An Hand der Ausführungen über die KELLNERsche Respirationsapparatur haben wir gesehen, daß der apparativen Weiterentwicklung besondere Aufmerksamkeit zugewendet werden muß, um einmal zur Verringerung des Arbeitsaufwandes zu mehr automatischen Meßverfahren überzugehen und zum anderen auch den Sauerstoffverbrauch des Tieres zwecks Kontrolle der Ergebnisse über das Energieerhaltungsgesetz erfassen zu können. Aus den fehlerkritischen Untersuchungen hat sich ergeben, daß die Anforderungen an die Genauigkeit der Apparatur sehr hoch sein müssen, da sich bei Anwendung der Differenzmethodik alle Fehler auf die Differenz, d. h. auf eine im Verhältnis zum Gesamtumsatz kleine Meßgröße auswirken.

3. Aus den Betrachtungen über die Versuchsmethodik des Einzelversuchs ist ersichtlich, daß KELLNER in seinen Versuchen analytisch mit einer Genauigkeit gearbeitet hat, die heute mit z. T. verfeinerten Analysenmethoden kaum zu überbieten sein dürfte. Allerdings hat KELLNER zur Erzielung dieser Genauigkeit eine hohe Zahl von einzelnen analytischen Bestimmungen durchführen lassen, wobei er im wesentlichen nur akademisch ausgebildete Mitarbeiter zur Durchführung seiner Respirationsversuche herangezogen hat. Für zukünftige Versuche erscheint es unerläßlich, durch straffere Versuchsplanung und durch stärkere Automatisierung der Messungen die Anzahl der einzelnen analytischen Bestimmungen zu verringern und in weit stärkerem Maße gut angelernte technische Kräfte für die Untersuchungen heranzuziehen, ohne daß dabei die Sicherheit des Einzelversuchs verringert wird. Durch eine solche Verringerung des Arbeitsaufwandes wird es ermöglicht, bei der gleichen Arbeitsleistung Versuche mit mehr Paralleltieren durchzuführen, also die resultierenden Ergebnisse weiter zu sichern.

   Von der methodischen Seite her betrachtet, ist der Einzelversuch bei den KELLNERschen Arbeiten mit einigen Mängeln behaftet, die bei zukünftigen Versuchen weitgehend vermieden werden können. Es sei nur auf die zu kurzen Vorfütterungszeiten sowie auf die nicht immer konstanten täglichen Verzehrmengen hingewiesen. Alle methodischen Maßnahmen müssen darauf hinzielen, den Einzelversuch so zu führen, daß sich das Tier in einem annähernden Gleichgewichtszustand bzw. in einem „stabilen Zustand" unter optimalen Bedingungen befindet. Alle Störungen, die diesen stabilen Zustand beeinflussen können, sind auf das sorgfältigste zu vermeiden. Im Kapitel über die Versuchsmethodik wurde auf die verschiedenen Maßnahmen hingewiesen, die bei der Versuchsdurchführung des Einzelversuchs beachtet werden müssen.

4. Die wichtigste methodische Grundlage zur Messung des Produktionswertes von Futterstoffen bzw. von reinen Nährstoffen ist der Differenzversuch. KELLNER hat diese Methodik fast ausschließlich bei seinen Produktionswertbestimmungen angewendet.
Es wurde die Frage gestreift, ob die Anwendung dieser Methodik zur Produktionswertbestimmung von Futterstoffen bei der Fettmast ausgewachsener Tiere gerechtfertigt ist. Von allen tierischen Leistungen ist die Fettmast ausgewachsener Tiere diejenige, die am wenigsten durch verschiedene Faktoren beeinflußbar ist, daß also zu erwarten steht, daß nach dem Prinzip des Differenzverfahrens gemessene Nettoenergiewerte bei der Fettmast ausgewachsener Tiere eine eindeutige und reproduzierbare Beurteilungsgrundlage für den Produktionswert der Futterstoffe ergeben. Allerdings hat sich bei den Betrachtungen der KELLNERschen Versuche gezeigt, daß noch eine Reihe von Grundlagenproblemen, die die Frage der theoretischen Berechtigung der KELLNERschen Meßmethodik auf das engste berühren, nicht eindeutig genug geklärt ist, die es folglich vordringlich zu bearbeiten gilt. Es soll hier nur auf folgende wichtige Problemstellungen hingewiesen werden.

a) Besteht Proportionalität zwischen Höhe der Zulage und Höhe der energetischen Ansatzwerte?
b) Inwieweit können Wechselwirkungen zwischen Grundfutter und Zulagefutter vermieden werden und welchen Einfluß haben mögliche Wechselwirkungen auf die Meßgröße (Nettoenergie [Fett])?
c) Ist mit rassenspezifischen Unterschieden in der Verwertungsgröße zu rechnen?
d) Inwieweit beeinflussen verschiedene Umweltbedingungen bei der Aufzucht das Verwertungsvermögen der ausgewachsenen Tiere, d. h. ist mit einer annähernden Konstanz der Verwertung bei der gleichen Tierart (Rasse) zu rechnen (Voraussetzung: gleiche und optimale experimentelle Bedingungen bei der Messung)?
e) Steigt der Erhaltungsbedarf der einzelnen ausgewachsenen Tiere proportional ihrem Lebendgewicht (bzw. einer Potenzfunktion des Lebendgewichtes), oder unterliegt der Erhaltungsbedarf des einzelnen Individuums zeitlichen Veränderungen?
f) Besteht ein Einfluß des Alters auf den Stoffwechsel der Tiere, vorausgesetzt, daß die Tiere gesund sind und optimal gehalten werden?
g) Ist mit futterspezifischen Einflüssen auf das Verhältnis Fleisch- und Fettansatz zu rechnen, und wie verhalten sich die Verwertungsgrößen zwischen Protein- und Fettansatz?

Hier können nur breit angelegte Versuchsreihen mit einer Reihe von Paralleltieren eine eindeutige Klärung dieser sehr wichtigen Fragen herbeiführen. Es unterstreicht die große Leistung KELLNERs, daß er es versucht hat, die meisten dieser Fragen schon damals einer Klärung durch experimentelle Untersuchungen zuzuführen. Allerdings hatte KELLNER nicht die experimentellen Möglichkeiten, diese Grundlagenprobleme genügend eindeutig zu klären.

5. Die fehlerkritischen Betrachtungen zeigten, daß gegenüber den KELLNERschen Versuchen die methodische Durchführung des Einzelversuchs sowie auch insbesondere des Differenzversuchs straffer gefaßt werden muß. Heute ist zu fordern, daß bei Respirationsversuchen zur Produktionswertbestimmung von Futterstoffen die Mittelwerte der resultierenden Ergebnisse höchstens um $\pm 5\%$ unsicher sind, wenn diese Ergebnisse verallgemeinert werden sollen. Bei den KELLNERschen Versuchen ist dieser Grad der Sicherung in vielen Fällen nicht erreicht worden. Aus den fehlerkritischen Betrachtungen hat sich eine Reihe von Möglichkeiten ergeben, wie methodisch die Versuchssicherheit erhöht werden kann.

   a) Die Höhe des Grundfutters ist so zu wählen, daß beim „vollständigen Differenzversuch" (Anordnung: Grundfutterperiode / Zulageperiode(n) / Grundfutterperiode) der kalorische Ansatz in der zweiten Grundfutter periode nicht wesentlich mehr als 1000 kcal pro Tag beträgt. Demzufolge kann die zu verabreichende Menge des zu untersuchenden Zulagefuttermittels gegenüber den KELLNERschen Versuchen im allgemeinen beträchtlich erhöht werden, wodurch die Sicherheit der Messung vergrößert wird (s. S. 45f.).
   Anzustreben ist eine kalorische Teilwirkung der Zulage von 5000 bis 7000 kcal/Tag, da bei einer solchen Höhe der Ansatzdifferenz bei Erzielung der gleichen Genauigkeit der Einzelmessung wie bei den KELLNERschen Versuchen die Unsicherheit des Ergebnisses mit 5–10% geschätzt werden kann. Bei einseitig zusammengesetzten Futterstoffen sowie bei stark rohfaserhaltigem Material wird es aus früher erörterten Gründen nicht möglich sein, diese hohe Teilwirkung zu erzielen. Bei diesen Futterstoffen muß mit einer entsprechend höheren Anzahl von Paralleltieren gearbeitet werden.
   b) Der Art der Zulage ist bereits bei der Wahl der Grundfutterzusammenstellung Rechnung zu tragen, wobei es zweckmäßig erscheint, die Grundfutterrationen für die Untersuchung der verschiedenen Futtermittelgruppen weitgehend zu standardisieren.
   c) Die Rationen sind vollwertig und möglichst optimal zusammenzustellen.
   d) Zur Vermeidung stärkerer Beeinflussung der Pansengärung durch die Zulage ist bei einseitig zusammengesetzten Zulagen diese zu einem Teil in die Grundfutterration aufzunehmen.
   e) Alle Maßnahmen (Vorfütterung, Periodendauer, Fütterungsart, Verzehrmenge usw.) sind darauf einzurichten, daß sich das Tier während des Versuchs in einem „stabilen Zustand" befindet.

f) Die Versuche sind so anzulegen, daß die gemessenen Produktionswerte mehrfach auf ihre Sicherheit kontrolliert werden können (Sauerstoffbilanz, mehrere Grundfutterperioden, Aufteilung der Hauptperiode in zwei gleiche Unterperioden, Zahl und Anordnung der Respirationstage).

g) Es ist eine *unerläßliche Voraussetzung*, wenn man verallgemeinerungsfähige Ergebnisse bei der Produktionswertbestimmung von Futterstoffen erzielen will, daß mit *mehreren Paralleltieren* gearbeitet wird. Die Anzahl der zu Parallelversuchen aufzustellenden Tiere richtet sich nach dem Grad der Sicherung, den man bei den Versuchsergebnissen erzielen will, und ist abhängig von der Art des Futtermittels bzw. des reinen Nährstoffes, dessen Produktionswert gemessen werden soll. Im allgemeinen ist zu fordern, bei Respirationsversuchen zur Produktionswertbestimmung von hochwertigen Futterstoffen mit mindestens vier Paralleltieren zu arbeiten. Bei der Untersuchung von „schwierigen" Futterstoffen sowie reinen Nährstoffen ist die Zahl der Paralleltiere entsprechend zu erhöhen.
Unter Beachtung dieser verschiedenen Maßnahmen steht zu erwarten, daß die resultierenden Mittelwerte die oben geforderte Sicherheit haben.

6. Bei der Fettmast ausgewachsener Tiere wird nicht ausschließlich Fett vom Tier abgelagert, sondern daneben auch Protein angesetzt. Bei den KELLNERschen Versuchen liegt der prozentuale kalorische Proteinansatz zum kalorischen Gesamtansatz im Durchschnitt bei etwa 10%, wobei die Schwankungen nicht erheblich sind. Die Ansatzenergie kann also korrekt nicht als Fettnettoenergie angesehen werden. Es wurde daher eine Arbeitshypothese zur Umrechnung der Proteinnettoenergie auf Fettnettoenergie aufgestellt und vorgeschlagen, zukünftig die Ergebnisse von Produktionswertbestimmungen von Futterstoffen auf „Fettmast-Nettoenergie" (kalorischer Ansatz von Protein zu Fett wie 10 : 90) umzurechnen, um die Ergebnisse besser vergleichbar zu machen.
Die KELLNERschen Versuche deuten darauf hin, daß bei einigen Futterstoffen (Wiesenheu, Zucker) ein futterspezifischer Einfluß auf den Proteinansatz vorliegt. Dieses Problem ist weiter zu bearbeiten.

7. KELLNER wendete im allgemeinen die Methodik des einfachen Differenzversuches an. Demgegenüber ist die Methodik des „vollständigen" Differenzversuches (s. S. 65) vorzuziehen, wobei gegebenenfalls auch auf eine Kombination der Ersatz- und Differenzmethodik bei Versuchsplanungen zurückzugreifen ist.

8. Hinsichtlich des Erhaltungsbedarfs der Ochsen bei Stallruhe wurde aus den KELLNERschen Versuchen abgeleitet, daß die Höhe des Erhaltungsbedarfs nicht unerheblichen individuellen Schwankungen unterliegt. Beim Einzeltier steigt der Erhaltungsbedarf in dem von KELLNER gewählten Mastbereich proportional dem Lebendgewicht. Der Einfluß des Erhaltungsbedarfs auf die Ergebnisse der Produktionswertbestimmung von Futterstoffen kann jedoch bei straffer Versuchsplanung weitgehend ausgeschaltet werden, wobei

bezüglich der Auswertung die direkte Anwendung der Differenzauswertung der von KELLNER bzw. FINGERLING eingeführten Auswertungsmethodik von der Einzelperiode her vorzuziehen ist.

9. Im Kapitel über die Versuche mit reinen Nährstoffen wurde zunächst an Hand von Aufzeichnungen KELLNERs dargelegt, wie KELLNER die bekannte Grundzahl der Stärkewertlehre, nämlich den Ansatzwert der reinen Stärke, aus seinen Versuchen abgeleitet hat. Aus den dann folgenden fehlerkritischen Betrachtungen der KELLNERschen Versuche mit reinen Nährstoffen hat sich folgendes ergeben:

   a) Die Streubreite der Ergebnisse in diesen Versuchen liegt verhältnismäßig hoch; es erscheint aber möglich, in zukünftigen Versuchen durch Verbesserung der Methodik die Streubreite einzuengen.
   b) Zwischen den höhermolekularen Kohlenhydraten (Stärke, Zellulose) scheinen keine Verwertungsunterschiede zu bestehen. Für die Stärke hat bekanntlich KELLNER einen Produktionswert von 236 kcal/100 g verdaulicher organischer Substanz als Mittelwert aus seinen Versuchen errechnet. Bei zukünftigen Versuchen steht zu erwarten, daß die resultierenden mittleren Fettproduktionswerte für diese Substanzen größenordnungsmäßig zwischen 220 und 250 kcal por 100 g verdaulicher organischer Substanz gefunden werden.
   c) Der Unterschied zwischen dem Produktionswert der höhermolekularen Kohlenhydrate und dem Kleberprotein ist aus den Versuchsdaten nicht als gesichert anzusehen.
   d) Der Fettproduktionswert des Zuckers liegt niedriger als der der Stärke, wobei der von KELLNER aus zwei Versuchen abgeleitete Mittelwert noch nicht ausreichend gesichert erscheint und erneut zu überprüfen ist.
   e) Beim Fett liegt der Produktionswert etwa doppelt so hoch wie bei der Stärke. Die einzelnen von KELLNER angegebenen Umrechnungsfaktoren zur Berechnung des Stärkewertes bedürfen einer experimentellen Untermauerung.

   Insgesamt gesehen, erscheint es als eine vordringliche Aufgabe, in breit angelegten Versuchsreihen die Fettproduktionsleistung der reinen Nährstoffe erneut zu überprüfen und die Werte weiter zu sichern.

10. Die kritischen Betrachtungen der Respirationsversuche mit den verschiedenen Futterstoffen haben gezeigt, daß das vorhandene experimentelle Material, auf dem KELLNER seine Stärkewertlehre aufgebaut hat, noch als zu gering und teilweise als nicht ausreichend gesichert anzusehen ist. Aus den KELLNERschen Versuchen können wir entnehmen, daß die Kraftfutterstoffe im großen und ganzen gesehen „vollwertig" sind, während bei den meisten anderen Futterstoffen in verschiedenem Maße Wertigkeitsminderungen festgestellt worden sind. Die KELLNERschen Versuche geben sehr wichtige Anhaltspunkte für die Beurteilung der Höhe der Verwertung für die einzelnen Futtermittelgruppen. Bei der Gruppe der Rauhfutterstoffe hat

KELLNER nach Beziehungen zwischen der Verwertungsgröße und der chemischen Zusammensetzung gesucht und dabei aus seinen Versuchen den „Rohfaserabzug" abgeleitet. Der Begriff des Rohfaserabzugs stellt nur ein *Hilfsmittel* zur Berechnung des Produktionswertes der verschiedenen Rauhfutterstoffe (bzw. Grünfutterstoffe) dar. Dieses Hilfsmittel ist z. Z. als noch unvollkommen anzusehen. Es müssen die experimentellen Grundlagen durch breit angelegte Respirationsversuche weiter gesichert, ausgebaut und teilweise neu ermittelt werden, wobei auch insbesondere nach Beziehungen zwischen der Verwertungsgröße der verschiedenen Futtermittelgruppen und ihrer chemischen Zusammensetzung zu suchen ist. Diese Arbeiten sind letztlich auf die verschiedenen wichtigsten landwirtschaftlichen Nutztierarten auszudehnen.

Der Weg zu diesem Ziel wird sehr lang und mühevoll sein. Der von KELLNER beschrittene Weg ist — sowohl theoretisch als auch methodisch — für die zukünftige Arbeit richtungweisend.

11. Außer der Schaffung der allgemeinen Grundlagen zur Bewertung der Futterstoffe erscheint es wichtig, die experimentellen Unterlagen laufend zu ergänzen, da infolge Neuzüchtungen, anderer Fabrikations- und Gewinnungsmethoden usw. die Futtermittel nicht etwas „Konstantes" darstellen, sondern sich in ihrer Zusammensetzung verändern und damit neu bewertet werden müssen. Aber nicht nur vom Futtermittel, sondern auch vom Tier her gesehen kann sich die Verwertungsgröße ändern. Es ist daher eine enge Zusammenarbeit mit der Tierzucht erforderlich (Problem der Selektion futterdankbarer Typen und Tiere).
12. Die bisherigen Ausführungen haben sich im wesentlichen auf die Bewertung der Futterstoffe nach ihrer Leistung bei der Fettproduktion des ausgewachsenen Tieres bezogen, weil hier die methodischen Vorbedingungen am übersichtlichsten sind. Es gilt jedoch, auch in die energetische Verwertung bei den anderen wichtigen Produktionsarten (Milchproduktion, Wachstum usw.) weiteren Einblick zu gewinnen. Die Frage, ob es möglich sein wird, die energetische Bewertung der Futterstoffe für diese Leistungen auf experimenteller Grundlage vorzunehmen, muß noch unbeantwortet bleiben.

Im Kapitel über die Stärkewertlehre KELLNERs sind nach einigen kurzen Hinweisen auf die Definition des Stärkewertes die Grundlagen der Stärkewertlehre, ihre Anwendung sowie die Beziehungen des Stärkewertes zu anderen Bewertungssystemen besprochen worden. Zwar sind die experimentellen Grundlagen, die KELLNER zur Aufstellung seiner Stärkewertlehre geführt haben, noch als verhältnismäßig schmal und z. T. als zu wenig gesichert anzusehen, aber durch weitere intensive Arbeit auf diesem Gebiet und insbesondere durch Verbesserung der Methodik werden sich in zukünftigen Versuchen die z. Z. vorhandenen Lücken weitgehend ausfüllen bzw. die Unsicherheiten erheblich verringern lassen.

Die generelle Richtigkeit der KELLNERschen Gedankengänge hat sich vielseitig bestätigt. KELLNER hat durch seine Arbeiten die Entwicklung der

Tierernährungslehre in einem Maße vorwärtsgetrieben, wie es wohl kaum einem anderen Forscher vergönnt war.
Der Verfasser sieht es als das wichtigste Ergebnis der vorliegenden kritischen Betrachtungen über die Arbeiten KELLNERs mit dem Respirationsapparat an, daß es unbedingt aussichtsreich und notwendig erscheint, *im Sinne Oskar KELLNERs* auf diesem wichtigen Gebiet der Bewertung der Futterstoffe nach ihrer Leistung weiterzuarbeiten.

ZUSAMMENFASSUNG

Einleitend wurde an Hand einer kurzen Biographie Oskar KELLNERs versucht, einen Abriß über den Erkenntnisstand der damaligen Zeit auf dem Gebiet des Energiestoffwechsels der landwirtschaftlichen Nutztiere zu geben. Sodann wurden die Arbeiten KELLNERs mit dem Respirationsapparat einer kritischen Betrachtung und einer fehlerkritischen Auswertung unterzogen, wobei sich die Analyse auf KELLNERs Versuche mit Ochsen beschränkte. Behandelt wurden hauptsächlich die Versuchsmethodik unter besonderer Berücksichtigung des Differenzverfahrens zur Produktionswertbestimmung der reinen Nährstoffe bzw. der Futterstoffe, der Erhaltungsbedarf der Ochsen sowie die einzelnen Versuche zur Bestimmung des Produktionswertes der reinen Nährstoffe und der verschiedenen Futterstoffe, die zu Futtermittelgruppen zusammengefaßt wurden. Hierauf aufbauend wurden die Grundlagen der Stärkewertlehre, ihre Anwendung sowie die Beziehung des Stärkewertes zu anderen Bewertungssystemen besprochen. Die sich aus der kritischen Auswertung der grundlegenden Versuche KELLNERs ergebenden Schlußfolgerungen für die zukünftige Arbeit auf dem Gebiet der Bewertung der Futterstoffe wurden zusammengestellt und eingehend diskutiert.
Als wichtigstes Ergebnis der kritischen Betrachtung der Arbeiten KELLNERs mit dem Respirationsapparat wurde herausgestellt, daß es unbedingt aussichtsreich und notwendig erscheint, im Sinne Oskar KELLNERs auf dem wichtigen Gebiet der Bewertung der Futterstoffe weiterzuarbeiten.

РЕЗЮМЕ

На основании краткой биографии Оскара Кельнера была сделана попытка составить очерк уровня знаний того времени по обмену энергии (Energiestoffwechsel) сельскохозяйственных животных. Затем работы Кельнера с респирационным апаратом подвергались критическому обсуждению и критической оценке статистических ошибок, причем анализ ограничивался опытами Кельнера с волями. Обсуждалась главным образом методика опытов, причем особое внимание уделяли дифференциальному методу для определения питательности чистых питательных веществ или кормов; затем обсуждалась потребность волов в поддерживающем корме, а также отдельные опыты для определения питательности чистых питательных веществ и различных кормов, объединенных в группы кормов. Исходя из этого обсуждались основы учения о крахмального эквивалента, ее применение, как и отношение крахмального эквивалента к другим системам оценки. Составлены и подробно обсуждены были выводы для будущей работы по оценке питательности кормов получаемые из критического использования основных опытов Кельнера.

Важнейшим результатом критического обсуждения работ Кельнера с респирационным апаратом оказалось то обстоятельство, что считается весьма перспективным и необходимым продолжать работу в смысле Оскара Кельнера в важной области оценки питательности кормов.

SUMMARY

Introductory, by a short biography of Oskar KELLNER it is tried to give a survey about the state of knowledge of that time, with respect to the energy metabolism of farm animals. Further the papers of KELLNER concerning the respiratory apparatus are critically considered and subjected to an error-statistical evaluation. This analysis is restricted to KELLNER's experiments with oxen. Mainly the methods of trials are treated with special regard to the difference-method for the estimation of production values of pure nutrients resp. of feeding-stuffs, the maintenance requirements of oxen and the individual trials of testing the production values of pure nutrients and of the different feeds, which are collected in groups. Basing upon this, the foundations of the theory of starch value, its use and the relation of the starch value to other systems of evaluation are reviewed. The conclusions for the further work in the field of evaluation of foodstuffs, which results from the critical examination of the fundamental experiments oft KELLNER are collected and thoroughly discussed.

As the most essential result of the critical review of KELLNER's experiments with the respiratory apparatus it is emphasized that it appears absolutely rich in prospects and necessary to perform further work in the sense of Oskar KELLNER in the important field of evaluation of feeding-stuffs.

LITERATURVERZEICHNIS

(1) ARMSBY, H. P.: The nutrition of farm animals. New York, 1917.
(2) AXELSSON, J.: Tierernährung **11**, 176, 1939.
(3) — Die Modernisierung der Futtermittelbewertung; in: Festschrift Möckern, wiss. Abh. DAL, Bd. V/2, 71, 1954, Berlin, Dt. Bauernverlag.
(4) AXELSSON, J. und ERIKSSON, S.: Kgl. Lantbrukshögsk. **20**, 51, 1953.
(5) BLAXTER, K. und GRAHAM, N.: J. of Agric. Science **46**, 292, 1955.
(6) BREIREM, K.: Undersögelser over vaeksten hos svin. 162de Beretning fra Forsögslaboratoriet. Kopenhagen, 1935.
(7) BREIREM, K.: Die Nettoenergie als Grundlage der Bewertung der Futterstoffe; in: Festschrift Möckern, wiss. Abh. DAL, Bd. V/2, 91, 1954, Berlin, Dt. Bauernverlag.
(8) CRASEMANN, E.: Die Fettansatzwirkung der Futtermittel bei verschiedenen Nutztierarten; in: Festschrift Möckern, wiss. Abh. DAL, Bd. V/2, 141, 1954, Berlin, Dt. Bauernverlag.
(9) FINGERLING, G. und Mitarb.: Landw. Versuchsstationen **113**, 1, 1932; **114**, 1, 1932; **116**, 1, 1933; **121**, 1, 1934; **127**, 157, 1936; **129**, 178, 1938. Z. f. Tierern. u. Futtermittelkunde **7**, 201, 1944; **8**, 107, 1944.
(10) FINGERLING, G.: Grundzüge der Fütterungslehre. 6. Aufl., Parey-Verlag, Berlin, 1920.
(11) FORBES, E. B.: Science **77**, 306, 1933.
(12) FUCHS, P.: Absolute Futterwertmessung und Futtermengenberechnung nach Kellner-Einheiten; in: Festschrift Möckern, wiss. Abh. DAL, Bd. V/2, 165, 1954, Berlin, Dt. Bauernverlag.
(13) HANSEN, J. G. und THORBECK, G.: Naeringsvaerdibestemmelse af Roetopensilage. 214de Beretning fra Forsögslaboratoriet. Kopenhagen, 1943.
(14) HANSSON, A.: Züchtungskunde **25**, 200, 1954.
(15) HELLBERG, A.: Metabolism of rabbits at different planes of nutrition. Verlag Almquist u. Wiksells, Uppsala, 1949.
(16) HENNEBERG, W. und STOHMANN, F.: Beiträge zur Begründung einer rationellen Fütterung der Wiederkäuer; Heft 1, 1860, Heft 2, 1864, Braunschweig, Verlag Schwetschke & Sohn.
(17) KELLNER, O.: Die Ernährung der landwirtschaftlichen Nutztiere; 6. Auflage, Parey-Verlag, Berlin, 1912.
(18) —, ebenda, S. 64, S. 112ff., S. 418.
(19) —, ebenda, S. 159.
(20) —, ebenda, S. 162.
(21) —, ebenda, S. 404.
(22) —, Landw. Versuchsstationen **7**, 408, 1874.
(23) —, ebenda, **30**, 59, 1884.
(24) —, ebenda **44**, 257, 1894; **47**, 275, 1896; **50**, 246, 1898; **53**, 1, 1900.
(25) KELLNER, O.: Landw. Jahrbücher **8**, 701, 1879.
(26) —, ebenda **9**, 51, 1880.
(27) KLEIBER, M.: Futterbewertung und Futterwirkung; in: Festschrift Möckern, wiss. Abh. DAL, Bd. V/2, 117, 1954, Berlin, Dt. Bauernverlag.
(28) —, ebenda, S. 119.
(29) —, J. of Agric. Science **7**, 315, 1932.
(30) LENKEIT, W.: Die Ernährungslehre als Wissenschaft; in: Fortschritte der landw. Forschung, 1937, S. 255, Neumann-Verlag, Berlin, 1938; dort weitere Literaturangaben.
(31) MANGOLD, E.: Der Stärkewert und andere Futtereinheiten; in: Handb. d. Ernährung u. d. Stoffwechsels d. landw. Nutztiere. (Hrsg.: E. Mangold), Bd. III, 435, 1931, Berlin, Springer-Verlag.

(32) MITCHELL, H. H.: Science **80**, 558, 1934.

(33) MODJANOW, A. W.: Karakul- und Pelztierzucht (Karakulewodstwo i Swerowodstwo) Nr. 2/50 (Entnommen einer Übersetzung; Originalliteratur russisch).

(34) MØLLGAARD, H.: Fütterungslehre des Milchviehs. Schaper-Verlag, Hannover 1929, S. 81.

(35) —, ebenda, S. 44.

(36) —, ebenda, S. 82.

(37) —, ebenda, S. 99.

(38) —, ebenda, S. 58.

(39) —, Wissenschaftliche Grundbedingungen einer gemeinsamen europäischen Futtereinheit; in: Festschrift Möckern, wiss. Abh. DAL, Bd. V/2, 43, 1954, Berlin, Dt. Bauern-Verlag.

(40) MØLLGAARD, H. und THORBECK, G.: Bestemmelse af Naeringsvaerdien i A. I. V. Luzerne. 196de Beretning fra Forsögslaboratoriet, Kopenhagen, 1941.

(41) NEHRING, K. (Hrsg.): 100 Jahre Möckern. Die Bewertung der Futterstoffe und andere Probleme der Tierernährung; Festschrift Möckern, wiss. Abh. DAL, Bd. V/2, 1954, Berlin, Dt. Bauernverlag.

(42) NEHRING, K. (Hrsg.): Untersuchungen über die Verwertung von reinen Nährstoffen und Futterstoffen mit Hilfe von Respirationsversuchen. Festschrift Möckern, wiss. Abh. DAL, Bd. V/3, 1956, Berlin, Dt. Bauernverlag.

(43) NEHRING, K.: Beiheft zum Arch. f. Tierern., Heft **4**, 19, 1954.

(44) —, ebenda, S. 24.

(45) —, ebenda, S. 36.

(46) —, Lehrbuch der Tierernährung und Futtermittelkunde, 5. Aufl., Neumann-Verlag, Radebeul und Berlin, 1955, S. 186.

(47) —, Arch. f. Tierern. **1**, 177, 1951.

(48) NEHRING, K., Absolute Futterwertmessung in Kellner-Einheiten; in: Festschrift Möckern, wiss. Abh. DAL, Bd. V/2, 195, 1954, Berlin Dt. Bauernverlag.

(49) NEHRING, K. und SCHIEMANN, R.: Einige Bemerkungen zur Problematik des Respirationsversuchs; in: Festschrift Möckern, wiss. Abh. DAL, Bd. V/2, 201, 1954, Berlin, Dt. Bauernverlag.

(50) NEHRING, K. und WERNER, A.: Untersuchungen über den Stärkewert verschiedener Futtermittel; in: Festschrift Möckern, wiss. Abh. DAL, Bd. V/1, 1953, Berlin, Dt. Bauernverlag.

(51) PÄCHTNER, J.: Der Gaswechsel; in: Handb. d. Ernährung u. d. Stoffwechsels d. landw. Nutztiere (Hrsg.: E. Mangold), Bd. III, 365, 1931, Berlin, Springer-Verlag.

(52) RUBNER, M.: Kraft und Stoff im Haushalte der Natur. Akadem. Verlagsges. Leipzig, 1909, S. 47f.

(53) RUBNER, M.: Z. Biol. **30**, 73, 1894.

(54) WIEGNER, G. und GHONEIM, A.: Tierern. **2**, 193, 1930.

(55) WIEGNER, G. und GRÜNINGEN, F. v.: Arb. d. Dtsch. Ges. f. Züchtungskunde **63**, 1, 1934.

(56) WOLFF, E.: Die Ernährung der landwirtschaftlichen Nutztiere, Parey-Verlag, Berlin, 1876.

FSC
www.fsc.org
MIX
Papier | Fördert
gute Waldnutzung
FSC® C083411

Kolibri 360 GmbH
Ferdinand-Jühlke-Straße 7
99095 Erfurt, Deutschland
produktsicherheit@kolibri360.de